M. ROUSSEAU 1/87

AF855262

L'OISEAU-JARDINIER

BELFOND/SCIENCES

Collection dirigée par Jean Audouze

JAMAL N. ISLAM
Le destin ultime de l'univers

PAUL R. EHRLICH, CARL SAGAN,
DONALD KENNEDY, WALTER ORR ROBERTS
Le froid et les ténèbres

ROBERT T. ROOD et JAMES S. TREFIL
L'univers : sommes-nous seuls ?

ALEXANDER BORBELY
Les secrets du sommeil

NICHOLAS FALLETTA
Le livre des paradoxes

ALAIN GALLAY
L'archéologie demain

MICHEL et JEAN GUIBERT
Les ordinateurs qui parlent

MICHEL et MONIQUE VIEILLEFOSSE
Un ticket pour l'espace

PAUL CARO

L'oiseau-jardinier

PIERRE BELFOND
216, boulevard Saint-Germain
75007 Paris

UN LIVRE PRÉSENTÉ PAR
JACQUES MEUNIER

Si vous souhaitez recevoir notre catalogue
et être tenu au courant de nos publications,
envoyez vos nom et adresse, en citant ce livre,
aux Éditions Pierre Belfond,
216, boulevard Saint-Germain, 75007 Paris.
Et pour le Canada à
Edipresse 1983 Inc., 5198, rue Saint-Hubert
Montréal, Québec H2J 2Y3, Canada.

ISBN 2-7144-1931-3

Copyright © Belfond 1986

à l'Oizeau...

AVANT-PROPOS

La Science, c'est une collection, chaque jour enrichie, d'articles spécialisés, qui s'élève comme une montagne de papier. Ces articles sont durs dans la forme, obscurs dans le fond, presque incompréhensibles sauf pour les quelques esprits érudits contemporains pour lesquels ils sont écrits. Cette masse connaît des degrés dans la complexité, il y a des notes brutes jetées sur quelques équations et quelques expériences ; des textes plus longs ornés de théorie, pétris de démonstrations, de graphiques, de tableaux : il y a des résumés hardis, des synthèses brillantes qui rassemblent, élaguent, organisent la pêche de l'amateur dans ces eaux troubles ; il y a des ouvrages qui fixent pour un instant les broderies précieuses d'un point exigu de l'immense tapis de la connaissance ; il y a les Congrès, les communications orales, toutes ces voix bruissantes qui se décrivent les unes aux autres les minuscules merveilles détachées par un labeur de fourmi au fond de galeries profondes ouvertes en tous sens sur les ruines du Temple de la Nature.

Cette activité afflue sur la table du chercheur sous la forme des myriades de pages imprimées des nombreuses revues internationales mensuelles et de quelques revues hebdomadaires. Ces dernières tentent de contrôler un peu les pulsions désordonnées du monde scientifique et s'efforcent de signaler, ici ou là, les points curieux, les idées neuves, les pirouettes, les génialités ponctuelles. Souvent, c'est directement à ces revues hebdomadaires que le chercheur qui s'est persuadé qu'il couvait une pépite précieuse envoie, le cœur battant, sa prose triomphante.

Cette « littérature scientifique » forme un merveilleux

réservoir d'histoires neuves. C'est la source d'où jaillissent nos outils modernes, la technologie que nous utilisons, les miroitements des images, la richesse des sons. La société y puise ses nouvelles façons d'exister. A partir de cette masse d'écrits est né un monde artificiel qui a presque totalement remplacé le monde « naturel ». Les applications des découvertes scientifiques sont légion, on peut les pratiquer, les expérimenter, les vivre. Pourtant, on se représente mal que cette réussite est due à un prodigieux effort d'imagination, épreuve mentale nécessaire pour transformer l'impression sensorielle confuse que fait la matière en un univers que l'esprit parcourt aisément grâce à la puissance des modèles que conçoit le savant.

Ces échafaudages complémentaires de théorie et d'expérience, ces patientes constructions cérébrales que décrit d'une manière si abstraite cette immense « littérature » scientifique sont les fondements de nos sociétés techniques. Pourtant ils ne sont pas perçus tout à fait comme un bien culturel collectif, une collection inépuisable de romances passionnées entre l'homme et l'objet matériel ou conceptuel dont il s'efforce de maîtriser la logique et la structure. Ce sont des chansons de geste barbares, car notre oreille mal éduquée n'est pas encore sensible à la beauté de leur musique et que nous restons attachés aux vieilles lunes, aux vieux récits, aux vieux débris littéraires que l'École nous a imposés comme culture alors qu'à notre portée dort ce prodigieux gisement de récits, de contes, de poèmes, d'aventures, dont les personnages abstraits — l'électron par exemple — sont des réalités bien plus fortes et bien plus directes, car vivables, que les fantômes alanguis d'un autre âge que nous servent littérature littéraire et musées.

Peuple primitif d'un nouveau futur, nous nous avançons, l'œil fermement fixé sur la référence du passé, peuple ignorant, foulant du pied sans le comprendre le grand romancero de la découverte scientifique, né de nous, avec nous, pour nous, et qui sera le monument que laissera à la postérité notre siècle dont c'est l'œuvre.

Si l'on veut être son propre contemporain, la culture aujourd'hui c'est d'abord la science et la technologie. Dans la masse d'articles scientifiques, aussi nombreux et aussi coriaces que les grains de sable du désert, noix vertes amères dont il faut briser l'écorce pour savourer le fruit, on perçoit le bourdonnement confus des possibilités de récits. Le futur, mieux avisé que nous, y découvrira des symphonies, des opéras, des cycles épiques, des chefs-d'œuvre. Les mots qui nous sont encore inconnus, déjà créés pourtant, déjà parés de riches et somptueux habits de sens subtils, seront pour eux des mélodies familières, des oiseaux d'où jaillissent dans la pureté précise de l'image mentale les détours infinis des miroirs enchevêtrés qui renvoient l'une sur l'autre les structures matérielles dont nous sommes faits. Pour le moment, on peut se contenter d'extraire simplement de ces délicats travaux de spécialistes de petites fleurs qui paraissent faire d'excellentes fables au sens d'une petite histoire qui illustre une morale.

Le présent ouvrage rassemble, principalement, des « Chroniques » écrites à partir de 1980 pour le supplément hebdomadaire du « Monde » et pour la revue Le fou parle. *Les thèmes ont été glanés dans la « littérature » scientifique à mesure qu'ils se présentaient, portés par l'actualité. Beaucoup de ces histoires décrivent des sujets de recherche avancés dont certains ont connu depuis l'écriture du texte d'importants développements.*

L'IRIDIUM DE LA FIN DU MONDE

Il y a 65 millions d'années la fin du monde est arrivée. La moitié des espèces vivant sur la terre à cette époque a soudainement disparu ; parmi elles les dinosaures, les serpents de mer, les serpents volants dont les squelettes ornent aujourd'hui les salles de nos musées. Ce n'était pas la première fois : en 600 millions d'années il y a eu cinq catastrophes de ce genre dont peuvent témoigner les fossiles, archivistes de la Planète. Il n'y a pas que les espèces spectaculaires qui disparaissent, le drame affecte aussi les formes microscopiques, le plancton, des invertébrés ; en revanche, les plantes, les crocodiles, les petits serpents, les mammifères survivent, plus ou moins.

C'est à la limite du crétacé et du tertiaire que se place notre histoire. Une limite bien marquée. En Ombrie, en Italie centrale, on la repère par une bande d'argile d'environ 1 cm d'épaisseur séparant les puissants bancs calcaires du crétacé et du tertiaire. De part et d'autre de ce trait minuscule tout est différent. Une telle affaire a, bien entendu, agité les esprits ; des réunions scientifiques se sont tenues, de très nombreuses hypothèses ont été avancées. Une nouvelle vient d'être présentée[1] : elle a l'avantage de s'appuyer sur des mesures expérimentales précises qui jettent une lueur inédite sur le problème.

On sait qu'il existe quelque 90 éléments stables qui forment l'ensemble de l'Univers matériel solide. Leurs abondances respectives sont très différentes ; certains sont

1. *Science*, 6 juin 1980, p. 1095.

prépondérants — l'oxygène, le silicium, le fer sur la Terre par exemple —, d'autres sont en traces infimes. Mais, en fait, dans n'importe quel échantillon de caillou on peut s'attendre à trouver presque toute la classification périodique, pour peu que l'on dispose d'une méthode d'analyse suffisamment sensible. Les abondances relatives d'éléments en traces peuvent varier considérablement selon l'histoire géologique et la nature des terrains. Leur détermination est une méthode couramment employée en géochimie pour caractériser les roches. Une équipe de Californiens de l'université de Berkeley a eu l'idée d'examiner pour les éléments en trace la limite crétacé-tertiaire pour trois coupes classiques qui la mettent bien en évidence, celle d'Italie, une au Danemark, et une en Nouvelle-Zélande.

L'analyse a été effectuée « par activation » c'est-à-dire après irradiation des échantillons pendant un certain temps dans une pile atomique. On mesure l'énergie des radiations émises ensuite. C'est très sensible pour certains éléments. Les Californiens en ont choisi 28. Sur ces 28, 27 se comportent d'une façon analogue et ne montrent pas de fortes variations au passage de la limite crétacé-tertiaire ; en revanche, un métal de la mine du platine, l'iridium, varie très fortement, sa concentration augmente de trente fois au passage de la limite pour atteindre 9,1 parties par milliard, alors que tout au long du crétacé et après, au tertiaire, sa concentration n'est que de 0,3 partie par milliard. C'est que l'iridium est un élément naturellement peu abondant dans l'écorce terrestre (0,1 partie par milliard en moyenne). Par contre, il est plus répandu dans certaines météorites (500 parties par milliard). Les Californiens concluent que l'excès d'iridium mesurable à la limite crétacé-tertiaire ne peut être dû qu'à un apport de matière d'origine extraterrestre.

Leur explication est toute simple : la Terre a été percutée par un astéroïde, un gros, un de ceux qui forment ces beaux cratères qu'on admire sur la face de la Lune. Au moment de l'impact, un immense nuage de poussière et de débris s'est élevé dans l'air, assez pour atteindre la stratosphère et obscurcir le Soleil pour des années. Puis, peu à peu, cette poussière est retombée, avec l'iridium provenant de résidus de la météorite pour former, entre autres, cette fine couche d'argile de 1 cm d'épaisseur. Longtemps après, tout est rentré dans l'ordre. En attendant, avec un niveau d'éclairage diurne de l'ordre du dixième de celui que dispense la pleine lune, la Terre a dépéri. La photosynthèse ne pouvant plus fonctionner, les espèces qui en dépendaient principalement pour leur chaîne alimentaire ont été éliminées (planctons, animaux marins, herbivores notamment). Naturellement, beaucoup de plantes ont survécu grâce à la résistance naturelle du pollen. On imagine aisément ce que peut être la Terre plongée dans le noir, en panne de Soleil. Un calcul montre que l'astéroïde pouvait avoir 6 à 10 km de diamètre et que la poussière injectée dans la stratosphère pouvait correspondre à 60 fois sa masse. La probabilité pour la collision d'un objet céleste de ce type avec la Terre est de l'ordre de 1 fois tous les 100 millions d'années. Le retour progressif du soleil après son occultation, à mesure que la densité de la poussière diminuait, a dû être, avec les effets de diffraction de la lumière dans toutes les couleurs du spectre, un spectacle fantastique. Comme on imagine un premier matin du Monde.

Les fossiles montrent qu'une modification radicale du climat de la Terre a suivi cette catastrophe, d'ailleurs c'est par des modifications climatiques que d'autres hypothèses expliquent les extinctions d'espèces. Mais il est intéressant de noter que c'est actuellement par les éruptions volcaniques que l'on a tendance à expliquer les variations climatiques[1]. En effet, les éruptions envoient des poussières dans l'atmosphère. Le scénario est le même que ci-dessus : l'énergie solaire reçue à la surface de la Terre diminue. Un cas célèbre est celui de l'éruption du Krakatoa le 27 août 1883, qui expédia 18 km^3 de matière dans l'atmosphère. 4 km^3 atteignirent la stratosphère où ils

1. *Science*, 7 mars 1980, p. 1041.

restèrent plus de deux ans. Fin 1883 de merveilleux couchers de soleil furent observés dans le monde entier avec dans les régions tropicales des effets de coloration pour le Soleil et pour la Lune. Si des ciels enflammés de ce genre se retrouvent dans les tableaux de Turner, c'est qu'au début du XIXe siècle l'activité volcanique est forte. C'est aussi une période climatique froide qui culmine dans l'horrible année 1816, car il semble qu'il y ait une corrélation marquée entre les périodes de calme des volcans et les époques de climat plus chaud sous nos latitudes. On sera navré d'apprendre que de 1945 à 1970 le nombre annuel d'éruptions a doublé par rapport à la période précédente, et que l'influence sur le climat est confirmée par les mesures de transparence de l'atmosphère.

La pollution ne menace donc pas seulement les rues de nos cités. Le « grand nuage qui obscurcit toute la Terre » de saint Thomas n'est pas une image philosophique, ou alchimique, il peut aussi devenir une réalité instantanée. Les Gaulois, après tout, avaient bien raison de craindre que le ciel ne leur tombe sur la tête. C'est un événement dont la probabilité n'est finalement pas nulle.

A moindre échelle, il est évident que les variations climatiques ont une grande influence sur les conditions économiques, plus sans doute que tous les plans technocratiques du monde. Il ne faut pas se leurrer, ces variations existent et risquent de poser de graves problèmes politiques. On peut ainsi se rendre compte que la principale source d'énergie utilisée par l'humanité, et par les règnes vivants inférieurs dont elle dépend, est en définitive l'énergie solaire. Habitués que nous sommes à notre pétrole et à nos atomes, nous ne nous rendons pas très bien compte que ces sources sont négligeables à l'échelle de la Planète. Elles servent juste à nos plaisirs. Mais que le Soleil se voile, voilà qui est bien plus lourd de conséquences que la hausse ou la baisse du baril de brut.

LE SOLEIL RÉTRÉCI

Le vieil Héraclite, l'Obscur, le pleurnichard d'Ephèse, disait que le Soleil, « maître et gardien des révolutions périodiques », n'était, après tout, que « large comme un pied d'homme ». On lui doit aussi la remarque que, « si le Soleil n'existait pas, il ferait nuit ». Sous leur apparence bouffonne, ces remarques sont chargées de sens : elles sonnent comme une mise en garde contre une perception machinale d'un quotidien trop souvent garanti par le répétitif. C'est sûrement le rôle des philosophes d'extraire la moelle des énigmatiques pensées fragmentaires d'Héraclite ; cependant, voici que depuis quelque temps le bruit court que le Soleil a rétréci. Et cette éventuelle perte de largeur pose des problèmes et suscite des controverses.

La rumeur est née, fin 1979, de l'analyse des données recueillies depuis 1836 par les astronomes de l'Observatoire royal de Greenwich où la mesure du diamètre horizontal et du diamètre vertical du Soleil était effectuée à midi, chaque jour, si le temps le permettait. Il en résulte que le Soleil semble rétrécir à la vitesse incroyable de 0,1 % par siècle, ce qui fait, sur place, une diminution de diamètre de 1,50 m par heure. A cette vitesse, il ne resterait rien du Soleil dans 200 000 ans ! Cette contraction dure peut-être depuis déjà assez longtemps car l'éclipse annulaire de Soleil du 9 avril 1567 aurait dû être totale à Rome durant huit secondes ; or, un jésuite du nom de Christophe Clavius, qui avait déjà observé des éclipses totales, prétend que la Lune n'a pas, ce jour-là, complètement couvert le Soleil et qu'il restait encore un anneau lumineux, ce qui implique que le diamètre apparent du Soleil était alors plus grand qu'aujourd'hui.

L'affaire est sérieuse car depuis quelques années on a découvert un grand mystère dans le rayonnement du Soleil. On connaît les types de réactions nucléaires qui fournissent l'énergie solaire, parmi elles la formation d'hélium à partir de noyaux d'hydrogène. Dans ces réactions il se produit des neutrinos, particules presque sans masse, sans charge électrique, qui ne sont absorbées par rien et qui, par conséquent, s'échappent du plasma solaire. Ces neutrinos nous percent le crâne de jour, sortent par nos chaussures, traversent la Terre sans s'en rendre compte et émergent par les semelles des noctambules des antipodes pour continuer leur droite route vers l'infini. Il est très difficile de mesurer le flux de neutrinos solaires. Il faut jouer sur de rares réactions de transmutations au cours desquelles un isotope d'un élément chimique est transformé en un isotope de même masse d'un autre élément chimique qui peut être alors séparé et dont la quantité est liée à l'abondance des neutrinos. Il faut aussi démêler l'action spécifique propre aux neutrinos solaires d'événements semblables dus aux flux de rayons cosmiques. Pour cela on a installé 610 tonnes de perchloroéthylène à 1 500 m de profondeur au fond d'une mine d'or du Dakota du Sud. Le chlore de masse 37 est transformé en argon de masse 37 lorsqu'il est, ce qui est rare, heurté par un neutrino d'énergie convenable. Le résultat de l'expérience indique que le flux de neutrinos solaires n'est que le tiers de celui que prédisent les modèles couramment admis pour les processus nucléaires solaires. Dans ce contexte, un Soleil qui rétrécit permet de rendre compte du résultat de la mesure du flux de neutrinos. En effet la contraction libère de l'énergie gravitationnelle qui augmente la luminosité de l'astre. Alors, le plasma n'a plus besoin d'être aussi chaud et, si sa température baisse, le flux de neutrinos calculé peut être en accord avec le flux mesuré. Une faible partie seulement de la masse du Soleil pourrait être impliquée dans la contraction. Cela suppose naturellement que le Soleil n'est pas tout à fait l'étoile que l'on pensait.

Mais tout n'est pas si simple. D'abord, peu de gens sont prêts à croire à une disparition somme toute assez proche du Soleil sur la seule foi des grimoires de Greenwich. En les épluchant, on s'est aperçu que les instruments ont été quelquefois remplacés, que les objectifs des télescopes ont été repolis, que les différents fonctionnaires avaient chacun leurs manies propres (le coefficient personnel inhérent à toute mesure), enfin bref, la critique des données suggère qu'après tout le Soleil n'a pas rétréci tant que ça. De même, l'examen des annales décrivant le passage de Mercure devant le Soleil, ce qui se produit environ 14 fois par siècle, en mai ou en novembre, et dure de 6 à 8 heures, ne permet pas de distinguer une diminution bien nette du diamètre apparent du Soleil encore qu'il y ait statistiquement une petite tendance : une contraction qui serait 10 fois plus faible que celle suggérée par les données brutes de Greenwich ; mais, aussi, il y a peut-être une variation systématique avec une période de 80 ans. La durée des éclipses totales, d'après les archives, semble confirmer une faible contraction[1].

Cependant d'autres amateurs de grimoires[2] se sont penchés sur l'éclipse totale du 3 mai 1715 en Angleterre dont l'observation avait été organisée par le grand astronome Halley. Cela a permis de se rendre compte que celui-ci était très en avance sur son temps. En effet, Halley avait pris la précaution d'installer un réseau d'observateurs pour repérer les limites nord et sud de la totalité de l'éclipse. Or, la position de ces limites permet de déterminer avec une grande précision le diamètre apparent du Soleil, car on dépend moins, alors, des montagnes et des vallées de la Lune qui découpent les bords de l'astre caché en une couronne de perles de lumière. La limite sud fut remarquablement déterminée mais au nord, il y a une incertitude plus grande, de l'ordre de 1 km : tout repose sur le témoignage d'un sieur Shelton (Esquire) de la petite ville

1. *Nature*, 11 décembre 1980.
2. *Science*, 12 décembre 1980.

de Darrington. Si son observation est exacte, on peut en conclure que le Soleil était en 1715 plus large d'environ 0,3 seconde d'arc. La diminution du diamètre apparent en 264 ans serait alors quand même le tiers de celle que suggèrent les données brutes de Greenwich — et cela reste considérable. 1715 correspond aussi à la fin de la période du « petit âge glaciaire » (1645-1715), lié sans doute au dernier minimum de Maunder, époque qui reviendrait périodiquement et durant laquelle l'activité magnétique du Soleil serait plus faible. Par conséquent, l'astre se serait, peut-être, brusquement élargi en 1715 après la mort... du Roi-Soleil !

Si les données historiques sont passées au peigne fin, il en est de même de l'expérience sur les neutrinos. L'opération est en effet délicate car elle dépend beaucoup de la précision et de l'efficacité de la séparation chimique et isotopique de l'élément formé par le choc avec les neutrinos. On a proposé d'utiliser d'autres réactions plus sûres. L'une emploie 50 tonnes de gallium, un métal rare et cher, qui grève à lui seul le budget de l'expérience de la bagatelle de 25 millions de dollars !

Cependant le bruit court, aussi, que les neutrinos ne sont pas, eux non plus, tout à fait ce que l'on pensait : ils seraient l'objet « d'oscillations ». C'est-à-dire qu'ils pourraient prendre l'une ou l'autre de trois formes (et bien sûr les expériences effectuées ne détectent que l'une des trois). Sur le parcours du Soleil à la Terre le neutrino tournerait casaque. Ce sujet, dont l'un des spécialistes est le célèbre Bruno Pontecorvo, l'homme qui a fui à l'Est avec les secrets atomiques occidentaux, est étudié en France à l'Institut Laue-Langevin à Grenoble où des expériences très fines sont en cours. L'une des conséquences de ces recherches est que les neutrinos auraient une masse très faible, très très faible (l'équivalent d'une énergie de quelques électron-volts). Mais comme les neutrinos sont très nombreux, un milliard pour chaque nucléon, ils constitueraient la majeure partie de la masse de l'Univers...

Au milieu de toutes ces disputes, les observateurs

héliaques professionnels acquièrent cependant quelques certitudes, par exemple celle que le Soleil est le siège d'oscillations de périodes proches de cinq minutes. L'analyse détaillée de ces oscillations a été effectuée durant l'été austral 1979-1980 par une équipe franco-américaine installée au pôle Sud[1]. Les pôles sont en effet le seul endroit où l'observation du Soleil n'est pas interrompue par... la nuit (ou vice versa). Les effets de rotation de la Terre y sont moins sensibles qu'ailleurs, on peut donc faire des études très précises des oscillations par mesure de l'effet Doppler sur les raies d'absorption du spectre solaire. L'analyse des ondes qui font vibrer le Soleil apportera des informations sur la structure intime de ses couches internes profondes. La comparaison avec les prédictions des modèles permettra peut-être de résoudre la question des neutrinos. D'autres données cosmologiques en dépendent, notamment l'abondance en hélium et en éléments lourds, valeurs qui entrent par exemple dans les schémas descriptifs du « Big Bang ».

Les ondes qui animent le Soleil ne sont pas tout à fait du type acoustique mais on peut quand même imaginer le mugissement et les soubresauts des vagues de feu de 40 km de haut qui secouent en permanence, à 1 000 km/h, sa surface cahotique, sans compter les éruptions, sans compter les taches solaires et leurs empoignades de champs magnétiques. Mais quand même, comme nous connaissons mal notre plus proche étoile !

Hélios n'est peut-être pas le Dieu constant, serein, égal et stable que les anciens imaginaient. Nous avons intérêt à le savoir, la complexité de notre existence nous rend fragiles. Un Parisien d'adoption, l'empereur Julien, son adorateur, apprécierait sans doute la puissance qu'on lui voit aujourd'hui, et les foules qui se jettent à sa poursuite hors des villes grises selon le rythme du calendrier, mais il aurait bien du mal à faire entendre, de nos jours, ce conseil : « Écoutez d'abord ce qu'en disent les chercheurs

1. *Nature*, 11 décembre 1980.

qui ne regardent pas le ciel comme le font bœufs et chevaux ou tel autre vivant fermé à la raison et à la science, mais qui tiennent du Dieu lui-même leurs informations sur la nature visible[1]. »

1. L'empereur Julien « Discours sur Hélios-Roi » 21.

LA CONSTANTE

En Science comme en Politique, rien n'est jamais acquis : les certitudes sont provisoires. Pour Newton comme pour Einstein la constante de gravitation qui relie la force d'attraction aux masses et à l'inverse du carré de la distance était bien une constante universelle. Aujourd'hui on en doute.

Dès 1938, Paul Dirac avait avancé l'hypothèse que cette constante n'en était pas une. Il arrivait à cette conclusion en supposant que le rapport des forces électriques aux forces gravitationnelles entre le proton et l'électron dans l'atome d'hydrogène, un chiffre très grand, est égal au rapport entre l'âge de l'Univers et l'unité atomique de temps. Il s'ensuit que, de nos jours, la constante diminuerait de quelque 6×10^{-9} % par an. Naturellement, avec une telle variation on ne se sent pas beaucoup plus léger au bout de l'an mais les conséquences pour la géophysique et l'astrophysique sont loin d'être négligeables. Aussi de multiples théories sont-elles apparues, certaines récemment. Leurs prédictions font l'objet de tentatives de vérifications expérimentales. Malheureusement, les effets attendus de la diminution supposée se superposent à de multiples autres effets dus à des phénomènes encore mal connus. C'est ainsi que l'on devrait observer des conséquences sur la taille et la luminosité du Soleil comme sur la forme des galaxies, mais certains théoriciens estiment qu'avec le temps les masses augmentent en raison d'une création continue de matière, soit partout au même rythme, soit plus vite là où elle est déjà dense. Dans ce cas le produit de la masse par la constante de gravitation pourrait être inchangé et, les deux variations se compensant, certaines vérifications expérimentales seraient difficiles, particulièrement en astrophysique.

Un morceau de choix pour une telle entreprise est bien sûr le système Terre-Lune-Soleil que nous connaissons assez bien, surtout depuis que nos vaisseaux spatiaux l'ont parcouru en partie, disposant par exemple des réflecteurs lasers sur la Lune qui permettent de faire des mesures précises de la durée du jour, et par conséquent de la rotation de la Terre, grâce à la télémétrie par tirs lasers. Les fluctuations sont très faibles, elles peuvent se produire en quelques semaines (0,35 milliseconde en 55 jours[1]), ou être de plus longue durée ; mais, à très grande échelle, la Terre ralentit de 2 millisecondes par siècle, c'est-à-dire que la durée du jour augmente d'à peu près une seconde en cinquante mille ans. L'extrapolation à l'envers vers une durée nulle donne d'ailleurs, curieusement, l'âge de la Terre.

Depuis 1955 l'introduction de l'échelle de temps atomique international permet de faire des comparaisons précises avec le temps universel. De nombreux phénomènes interviennent dans le freinage de la rotation terrestre, y compris une diminution éventuelle de la constante de gravitation. L'effet principal est dû à l'attraction de la Lune qui provoque les marées océaniques. Le moment angulaire perdu par la Terre est acquis par la Lune et, à un moindre degré, par le Soleil, beaucoup plus massif. Parmi les effets secondaires connus mais difficiles à prendre en compte d'une manière quantitative figurent les marées terrestres, les phénomènes atmosphériques et... les tremblements de terre (qui « secouent » l'axe de la planète). Si la Terre ralentit, la Lune accélère et les méthodes modernes de mesure confirment que la Lune s'éloigne à la vitesse de 4 cm par an, avec la conséquence qu'elle était autrefois beaucoup plus proche, et même

---

1. M. Feissel et D. Gambis, *Comptes Rendus de l'Académie des sciences, 291*, série B, p. 271, (1980) — (24 novembre 1980).

beaucoup trop proche si l'on extrapole 10^9 années en arrière ! Comme l'âge de la Terre est de $4,5 \times 10^9$ années, la présente situation n'a pas toujours existé. On ne sait pas trop où était la Lune dans le passé : ce qui est sûr, c'est que la présence des océans la fait fuir. La part éventuelle d'une variation de la constante de gravitation dans cette fuite est disputée par les spécialistes. Quelques analyseurs de données affirment que la constante est constante ! Quoi qu'il en soit, en extrapolant vers l'avenir, cette fois, on peut avancer que, « un jour », la Terre, au lieu de 24 heures, mettra 55 de nos jours pour tourner sur elle-même, période qui sera alors égale à celle du mois lunaire, et que, par conséquent, la Lune, amaigrie, sera fixe au-dessus du même paysage terrestre si bien que beaucoup de Pierrots devront, s'il en reste, émigrer.

Une autre conséquence d'une constante gravitationnelle en diminution est que la Terre grossit. Elle grossirait de 0,1 à 0,3 mm par an selon les théories. L'idée que la Terre grossit est très à la mode. C'est surtout une affaire de géologues : un sujet à peu près aussi chaud et aussi disputé que l'était naguère l'hypothèse, aujourd'hui bien assise, de la dérive des continents. Un congrès sur le thème s'est tenu à Sydney en février 1981. La dilatation aurait provoqué l'ouverture des bassins océaniques il y a 10^9 années (un temps justement convenable pour le début de l'éloignement lunaire). La Terre n'aurait eu à l'époque que 60 % de son diamètre actuel. L'hypothèse s'appuie sur les formes particulières aux sédiments des grands fonds, absents pour les périodes reculées, et sur des mesures paléomagnétiques comparant les vieux terrains du Canada et de l'Australie qui semblent avoir eu une histoire commune bien avant leur unification sous la bannière britannique.

La Terre qui gonfle comme un ballon sous nos pieds, la Lune qui s'en va errer, voilà bien la preuve que dans notre monde plus rien n'est stable !

PLUIE DE PROTONS

Dans la belle saison d'été, il arrive que des véhicules, accélérés sur nos routes par l'ivresse de la bonne chère et l'insouciance, s'annihilent mutuellement par collision, retournant les matériaux mécaniques et humains à la dispersion des atomes primordiaux cependant que l'énergie économique est dépensée en vagues invisibles de préjudices sociaux et financiers. La collision brutale est l'un des moyens de la Nature pour changer le cours autrement continu et placide des choses humaines comme des choses matérielles.

Bien que l'espace soit presque vide (environ un atome d'hydrogène par cm^3), ce sont des collisions qui modifient le destin de ces particules de très hautes énergies dont les trajectoires zèbrent l'espace intersidéral, ces enfants chéris de la physique moderne : les rayons cosmiques. Enrico Fermi a montré dès 1949, sur l'exemple du proton, qu'une particule a une espérance de vie de l'ordre de 60 millions d'années et qu'elle peut, à l'occasion, au lieu de se détruire, gagner de l'énergie, si, comme deux véhicules se heurtent de front sur une ligne droite, elle rencontre dans sa course un de ces champs magnétiques errants qui, attachés à une maigre matière dispersée, tourbillonnent en tous sens dans l'espace. Ce mécanisme, qui permettrait d'accélérer les particules bien au-delà des modestes moyens de nos laboratoires artificiels, serait également responsable de ces flux violents de protons de haute énergie qui, six à dix fois par an, baignent la Terre et se fracassent sur son atmosphère, induisant de superbes aurores boréales.

Ces bombardements de protons sont associés à de

brusques flamboiements de quelques milliards de km^2 de surface solaire, qui durent quelques heures et dissipent d'un coup une énergie qui représente environ 200 000 fois la consommation annuelle de notre humanité terrestre. Une telle verrue sur la face du Soleil a éclaté le 6 juin 1982, sans que l'on puisse dire encore si cela a ajouté à la violence de l'orage qui, ce jour-là, a crevé sur Paris.

Des phénomènes qui se produisent dans des configurations complexes de taches solaires sont responsables de l'émission de protons. Les taches sont des contrastes lumineux liés à la présence de champs magnétiques locaux intenses dans la matière solaire. Ces champs peuvent être de polarité différente et c'est le choc de leur anéantissement réciproque qui convertit l'énergie magnétique en chaleur et faisceaux de particules. Il semble que l'éjection violente simultanée de matière solaire permette, par le mécanisme proposé par Fermi, d'accélérer quelquefois vers l'espace les protons formés dans la bataille des champs.

La connaissance des conditions exactes de formation des orages de protons est cruciale pour l'avenir de nos industries spatiales. Bien qu'elles soient peu fréquentes, il est en effet nécessaire de savoir prédire ces éruptions. D'abord parce que l'énergie des protons est très grande (50 à 500 MeV) et cela constitue un danger d'irradiation pour les astronautes, surtout en orbite polaire et si un travail extravéhiculaire est programmé. La dose en quelques heures (1 000 rads) peut dépasser largement le seuil admissible (d'après la NASA) pour une année d'activité (100 rads), ce qui risque d'« user » des astronautes à un rythme accéléré. De plus, le bombardement auquel est soumise l'atmosphère provoque un échauffement qui la dilate et cela freine les satellites dont l'orbite doit être corrigée, sinon elle s'abaisse. La chute inattendue de Skylab en 1978 est due à ce phénomène.

Par chance, le premier vol de Columbia a été retardé de 48 heures ; faute de quoi, la navette spatiale aurait dû affronter, cinq heures après son lancement, le 10 avril 1981 à 17 h 45 G.M.T., une puissante averse de protons, dont elle aurait quand même été protégée par le champ magnétique terrestre en raison de son orbite conventionnelle. Il n'en aurait pas été de même sur une orbite polaire : là, le danger était mortel.

Le déploiement prévisible des satellites habités va donc entraîner une surveillance accrue de notre Soleil dont il est nécessaire de comprendre les fantasques mécanismes si l'on veut échapper aux morsures de l'invisible et dangereux flot cahotique qu'il nous crache à la face depuis son flanc ouest car seules les particules émises par cet hémisphère du Soleil peuvent, canalisées par le vent solaire, atteindre la Terre.

LE NUAGE MEXICAIN

Le passant, ou l'automobiliste, qui à Paris dans la soirée du 20 octobre 1982 consentait à lever le nez de ses soucis vers le firmament au moment où sombrait le Soleil pouvait goûter un spectacle rare. On ne voit plus tellement les phénomènes naturels de nos jours dans le fracas des civilisations urbaines et, pourtant, un peu d'attention permettait ce soir-là de saisir la lumière irréelle qui enveloppait les choses : la moitié du ciel dans tous les dégradés du rose et du rouge feu, l'autre dans tous les tons du gris et du vert-bleu, le flamboiement doré des vitrages qui frappait de splendeur les plus laids champignons de l'urbanisme sauvage, le reflet vert bronze de la Seine, l'espèce de distance trouble et chromatique qui séparait les plans habituellement juxtaposés au travers des perspectives, c'était comme si la lumière était devenue solide dans l'air ; c'était le nuage mexicain qui passait.

Ce nuage est né le 28 mars 1982 à 23 h 32. Il a jailli de l'explosion soudaine d'un volcan oublié du Mexique méridional dans l'État de Chiapas, à 60 km au sud de Villahermosa. Ce volcan, El Chichón, supposé éteint, couvert de forêt, de jungle, de maigres villages et de pauvres plantations de bananiers, n'avait jusqu'alors attiré qu'à peine l'attention des volcanologues, situé comme il l'est, en dehors de la ligne des majestueux géants du Mexique central, dont le plus connu est le Popocatépetl (5 450 m). La communauté scientifique était penchée sur les cendres du célèbre Mont Saint Helens, volcan de riches, dont la face nord s'était écroulée le 18 mai 1980 à 8 h 32 du matin, provoquant l'éjection de gaz ardents accumulés en son sein et un formidable nuage de poussière. De bucoliques résidences secondaires, des forêts aux sentiers balisés, des lacs et des rivières à truites, des hôtels et des camps de vacances disparaissaient dans la tourmente cependant que les autoroutes, les voies ferrées, les zones industrielles, les campagnes du Nord-Ouest des États-Unis se recouvraient de poussière blanche. Les spécialistes de toutes disciplines et de toutes nationalités se ruaient pour comprendre et pour expliquer.

Les salles de congrès où de nombreux savants s'étaient réunis pour débattre des conséquences de l'explosion de mai 1980 étaient à peine désertées, l'encre d'une marée de rapports et d'articles était à peine sèche, et voilà que El Chichón réduisait son frère du Nord à un événement secondaire, au moins en ce qui concerne les conséquences climatiques potentielles pour la planète. On sait que les éruptions volcaniques sont suspectées d'être d'importants facteurs modifiants du climat[1]. En effet, si une explosion est assez puissante pour envoyer des particules dans la stratosphère à une altitude supérieure à 15 km, la radiation solaire peut être réfléchie et, en conséquence, l'énergie reçue étant plus faible, la planète peut se refroidir. En fait, ce sont surtout les gouttelettes d'acide sulfurique formées par les réactions du dioxyde de soufre contenu dans la vapeur volcanique qui forment l'écran réfléchissant. Or, l'écho des Congrès était formel, la quantité de dioxyde de soufre vomie par le Mont Saint Helens n'était pas très grande et, en conséquence, l'influence à attendre sur le climat était pratiquement nulle.

El Chichòn, en revanche, est d'un calibre plus sérieux, surtout parce qu'une explosion plus puissante que les autres, le 4 avril 1982 à 5 h 22, a, comme un dragon furieux, projeté haut dans la stratosphère à près de 30 km au-dessus du sol une masse de matière riche en soufre et même en sel de cuisine. Le phénomène semble comparable au dernier cas qui ait eu une influence réelle sur le climat,

1. *La Recherche*, juillet-août 1982.

l'explosion du volcan Agung d'Indonésie en 1963. La longue série des événements de ce genre est bien connue, car l'acide sulfurique, qui finit par s'éliminer dans les précipitations, se fige dans les glaces entassées aux extrémités du monde, et la mesure du profil d'acidité de carottages de la calotte glacière du Groenland, par exemple, permet de reconnaître les explosions de Katmaï (Alaska) en 1912, du Krakatoa en 1883, de Tambora (en Indonésie également) en 1815, cette dernière la plus puissante de toutes. On peut remonter ainsi jusqu'à 10 000 ans et reconnaître au passage l'explosion de Santorin, aussi forte que celle de Tambora, en 1390 avant notre ère.

Le risque de telles éruptions est une modification passagère du climat de l'hémisphère Nord dans l'année qui vient avec, bien sûr, des variations locales. On pouvait espérer quand même qu'elle serait moins forte que celle de 1816, l'année « sans été ». Le nuage mexicain a tourné lentement autour de la Terre, d'est en ouest en une vingtaine de jours : bien cohérent, il s'est étiré en altitude, a dérivé un peu vers le nord. Pour jauger le risque, il fallait pouvoir explorer la composition chimique du nuage, or, c'était difficile. Les avions espions U2, reconvertis en laboratoires, ne dépassent pas l'altitude de 21 km : le gros du nuage était plus haut, épais de 9 km. Les ballons-sondes n'ont pu être lancés que sur sa bordure nord. En attendant, au Texas, en Arizona, au Japon, en Europe, on signalait partout de merveilleux phénomènes atmosphériques de diffraction, comme le 20 octobre à Paris. Et, plus tard, de mystérieux processus climatiques de grande ampleur se déclenchèrent (voir plus loin « Une inondation dans la mer »).

Les explosions volcaniques mettent en évidence l'importance de la chimie stratosphérique pour le climat terrestre avec ses conséquences humaines et économiques. Rappelons la fin des dinosaures, il y a 65 millions d'années, à la suite de l'impact d'un météore d'une dizaine de kilomètres de diamètre dont les débris ont pu obscurcir le soleil durant plusieurs années. Cette hypothèse se confirme de plus en plus. Incidemment, des chercheurs français et belges viennent de déceler, grâce à des ballons lancés depuis Aire-sur-l'Adour, la présence d'une fine couche de poussière brunâtre à 60 km d'altitude qui pourrait être d'origine extraterrestre. Pour revenir aux dinosaures, une revue scientifique suédoise vient de publier une très sérieuse étude qui décrit les conséquences d'une guerre nucléaire au cours de laquelle l'équivalent de 5 750 mégatonnes de TNT explosent sur l'hémisphère Nord. Les incendies provoqués expédieraient 400 millions de tonnes de fumée dans la haute atmosphère, ce qui ne laisserait aux survivants (s'il y en a) qu'environ un centième de la lumière solaire ordinaire et ce pour plusieurs semaines.

LA MÉMOIRE DES SAISONS

Que reste-t-il du temps qu'il fait ? De la pluie qui coule au ruisseau, du vent qui secoue les fleurs, du flocon de neige sur la montagne, du souffle brûlant qui monte du désert ? Que reste-t-il des mouvements de l'air, de l'eau, de la glace, des ardeurs du soleil ? Le rythme des saisons n'est-il pas l'enveloppe de l'éphémère, le quotidien aussitôt oublié que vécu, l'aliment des conversations anguissantes, le bouillon où baigne l'activité répétitive ? Quel temps faisait-il l'année dernière, vous souvenez-vous ? Et quel temps faisait-il le 15 mars, 44 ans avant la naissance du Christ, lorsque César tombait sous le couteau de ses assassins ?

La neige tombe sur le Groenland, la neige tombe doucement. Les petits flocons s'agrègent en glace, l'un sur l'autre, l'un après l'autre ; ils se fusionnent sur la masse du lourd fleuve solide qui, quelques kilomètres plus bas, rabote lentement la carapace du continent. Cette glace ne fond pas, sa température moyenne est de -20 °C. Elle s'accumule, elle augmente, elle s'écrase, mais elle reste. Les petits flocons sont là, ils gardent tout. Prisonnières les bulles d'air entre les fleurs de neige, prisonnières les poussières que le vent apporte, prisonnières les particules cosmiques, toutes lentement englouties sous le poids des saisons. Il se forme ainsi chaque année entre 25 et 40 cm de glace aux bons endroits à la surface de l'inlandsis. Cette couche s'amincit à mesure que d'autres la recouvrent et l'écrasent. Mais elle est là, indestructible, et elle garde la mémoire. Elle garde la mémoire de la composition chimique et des conditions physiques de l'atmosphère qui l'a formée au moment de sa précipitation au sol. L'hiver et l'été se distinguent. L'hiver chaud, l'été froid marquent de leur empreinte le jeu d'équilibre des atomes qui forment cette eau immobile, pétrifiée, saisie telle qu'elle était dans sa liberté aérienne lorsque les fantaisies des vents hyperboréens l'ont jetée aux extrémités du monde. Les molécules d'eau pompées de l'océan par le soleil, brassées par la promiscuité des nuages, sont fractionnées isotopiquement. Celles qui se sont formées avec le peu abondant oxygène de masse 18, plus lourd que l'ordinaire de masse 16, distillent moins facilement de la mer et se séparent les premières dans les précipitations lorsque l'atmosphère se refroidit et les condense. Il en résulte que le rapport des quantités respectives des isotopes de masse 18 et 16 de l'oxygène est une mesure de la température et des conditions climatiques moyennes. S'il fait froid, la pluie et surtout la neige sont appauvries en isotope lourd et ce d'autant plus que les températures sont plus basses.

La glace peut être percée, elle peut être taraudée jusqu'au fond. En août 1981, on a prélevé au sud du Groenland une carotte de 10 cm de diamètre et de 2 035 m de long qui représente environ 125 000 ans de précipitations. Tout au début, près de la surface, les couches annuelles peuvent être disséquées par l'analyse : pour reconnaître les étés, il suffit de compter. Les teneurs en oxygène 18 diront si l'année était chaude ou froide. La mesure de l'acidité dira si des particules d'acide sulfurique lâchées par quelque volcan sont retombées de la stratosphère. Les derniers 3 600 ans peuvent être explorés un par un ; au-delà, c'est un peu plus difficile, les tranches peuvent révéler le temps moyen sur plusieurs années, à la fin sur plusieurs siècles. Ainsi, on connaît l'histoire du climat. On sait par exemple que beaucoup de glace s'est formée, qu'il a fait très froid, de 125 000 à 115 000 années avant qu'on ne creuse ce trou au Groenland, et aussi de 80 000 à 60 000 et de 40 000 à 30 000. On sait que l'hiver 557-558 avant notre ère a été très froid, mais l'été de 553 était chaud. Confucius avait deux ans. Crésus régnait en Lydie, un Cyrus s'apprêtait à fonder l'Empire perse. En 562, Nabuchonosor meurt, année moyenne, ni trop chaude ni trop froide ; Pisistrate complote à Athènes, mais cet hiver-là (561-560) il fait vraiment froid. La glace ne dit pas les noms, elle ne retient pas les fureurs de la politique, mais elle garde la saveur de l'air frais, témoigne du mouvement des nuages, des humeurs du vent, de la richesse du soleil, elle laisse imaginer la qualité du vin.

Elle note aussi les catastrophes. Elle est la mémoire des crachats furieux, des hoquets convulsifs des volcans, ceux du moins qui éructent vers le ciel des entrailles sulfureuses, et qui répandent dans la stratosphère ces nuages de poussière qu'on soupçonne être les agents modificateurs principaux du climat. Des tonnes d'acide sulfurique sont projetées dans l'air et vont laisser leur marque dans la neige du Groenland, comme la poussière qui, après une éruption de l'Etna, voilait de rouge la face du Soleil en mars 44 avant J.-C. pour la mort de César. « Oui c'est [le Soleil] qui prit Rome en pitié, quand César se fut éteint, en couvrant sa tête brillante d'une couche de sombre rouille et en faisant craindre une nuit éternelle à une génération impie » (Virgile, *Géorgiques*, I, 466-468). La glace dit que cette fois-là la poussière a mis près de trois ans à redescendre du ciel. Elle dit aussi qu'en 1390 avant J.-C. un grand volcan a explosé : c'est Santorin, le tueur de la civilisation perfide de Minos. Elle parle de bien d'autres violences géologiques oubliées. Que s'est-il passé en 7640 avant J.C. pour que tant d'acide sulfurique reste prisonnier des glaces ?

Il y a d'autres témoins de la pluie et du beau temps. Les charmants pollens, poussière séminale des fleurs, permettent de reconstituer le paysage des champs et des bois, distinguent la toundra de la prairie, la forêt sombre de la forêt claire, composent le décor de l'histoire la plus reculée. Ils font partie de la chaîne de corrélations multiples qui autorisent les certitudes chronologiques par recoupement avec les diverses méthodes isotopiques. Il y a 70 000 ans, dans le Nord de la France, la steppe a brusquement remplacé la forêt. En 150 ans tout a changé dans la végétation, un froid brutal s'est abattu ; des microbestioles racontent sur le rivage que le niveau de la mer s'est abaissé dc 70 m. Les langues glaciaires étaient en marche. Mais cette accélération soudaine vers le froid suivait une longue période climatique indécise de 40 000 ans, qui commence donc il y a à peu près 110 000 ans, durant laquelle il semble que le peuple de Néanderthal auteur des industries lithiques moustériennes, que l'on supposait plus récentes, jouissait des forêts françaises dans l'étonnante permanence d'un conservatisme social, sans aucune évolution. Le bonheur peut-être. Du coup, on ne croit plus que l'*Homo sapiens* a chassé de nos terres il y a 35 000 ans, sans doute avec sa brutalité habituelle, le pauvre Néanderthalien. Celui-ci, maintenant vieilli, y gagne un profil d'ancêtre naturel.

Une période de climat heureux et doux s'ouvre il y a 8 000 ans au cours de laquelle s'accomplira l'explosion de la civilisation agricole puis urbaine. Le haut Moyen Age (1000-1300) est chaud et l'homme justement parvient au Groenland, puis le climat commence à osciller et un petit âge glaciaire s'installe, paradoxalement à l'époque du Roi-Soleil, de 1645 à 1715. Le XVIIIe siècle est relativement chaud ; le XIXe plutôt froid : l'explosion d'un volcan d'Indonésie en 1815 (Tambora) gèle l'année 1816. La première moitié du XXe siècle est chaude, mais ça se dégrade. Les volcans depuis vingt ans sont sérieusement réveillés. La suite s'écrira, flocon de neige par flocon de neige, dans la glace du Groenland. On y gardera la mémoire de nos embouteillages estivaux car le plomb des gaz d'échappement emporté sur les ailes des vents vient souiller la pureté de l'Arctique. Ce sera pour le futur la marque de l'âge automobile. Espérons que les immuables glaces du pôle n'auront pas à archiver, sous forme de nouvelles couches de résidus radioactifs, la trace de l'immense folie des hommes.

Ainsi l'évanescent bulletin météorologique distillé chaque matin par les grenouilles médiatiques s'inscrit-il, plus sûrement que s'il était gravé sur le bronze, dans l'immense mémoire glacée du Nord. Elle nous restitue aujourd'hui la longue histoire inconnue de la pluie et du beau temps, passé quotidien banal dont nous ne soupçonnons guère, endormis par l'habitude, les variations tourmentées.

UNE INONDATION DANS LA MER

On sait que les oiseaux meurent au Pérou ; plus précisément il arrive qu'ils meurent en masse aux environs du premier de l'an. Ainsi, en 1957, les carcasses émaciées de 22 millions d'individus, 80 % de la population d'oiseaux de mer, s'échouent sur les côtes. Le phénomène se reproduit en 1965 : 11 millions de pauvres squelettes emplumés ballottés par les vagues. En 1972, il n'y a plus que deux millions de cadavres, la moitié de ce qui reste de ces glapissants producteurs de guano, dont l'activité a nourri nos grands-pères par champs de blé interposés. En 1972 aussi, les pêcheurs péruviens sont au chômage : 2 millions et demi de tonnes d'anchois disparaissent sans laisser de traces. C'est une fraction notable de la production mondiale de protéines d'origine marine ; c'est la crise économique derrière la crise écologique.

En 1983 la brousse australienne brûle, la terre rouge se dessèche et se craquelle, les moutons n'ont plus que la laine et la peau, ils s'effondrent en route vers d'improbables pâturages, la couleur verte est rayée du paysage ; plus d'eau. Dans le même temps les glorieux Californiens noyés de pluie pataugent dans la boue et perdent leur bronzage. Les rivières de France débordent ce printemps, mais là-bas en Afrique australe au cœur de la République sud-africaine, les paysans noirs affamés cherchent à survivre dans une nature desséchée sous un ciel implacablement bleu. On découvre que 17 millions d'oiseaux de mer ont disparu de l'île Christmas au milieu du Pacifique. Sur la côte péruvienne, El Niño, normalement l'Enfant Jésus de Noël, commencc à s'affaiblir, après son apparition inattendue au milieu de l'année 1982. El Niño est un courant marin épisodique qui déplace vers le sud les eaux chaudes équatoriales. C'est lui le tueur d'oiseaux.

En effet les eaux du Pacifique le long de la côte ouest de l'Amérique du Sud sont habituellement froides en raison d'un phénomène de remontée d'eaux profondes. Ces eaux transportent en surface une grande quantité de phytoplancton, nourriture nécessaire aux poissons dont l'abondance permet notamment le développement de monstrueuses populations d'anchois. El Niño correspond à une invasion d'eau chaude en surface, une véritable inondation dans la mer. Le plancton disparaît, les poissons s'enfoncent ou périssent, et les oiseaux, qui vivent des poissons et ne sont pas scaphandriers, meurent de faim. D'où les hécatombes animales et, depuis l'introduction des techniques de pêche industrielle, la misère humaine. El Niño apparaît généralement vers décembre — d'où son nom — d'une façon imprévisible, à des intervalles variables, entre deux et dix ans. En fait, le phénomène est lié à une fluctuation des conditions climatiques sur l'ensemble du Pacifique Sud que l'on appelle l'oscillation du Sud. Elle affecte la répartition des hautes et basses pressions atmosphériques sur une bonne partie de la planète.

Au-dessus des zones équatoriales chaudes, humides et pluvieuses, jungles d'Indonésie, forêt amazonienne, cœur noir de l'Afrique congolaise, l'air chaud monte. Il redescend verticalement au-dessus des zones plus froides : partie est des océans Atlantique et Pacifique, océan Indien. Les vents alizés le ramènent vers les zones de basses pressions, d'est en ouest pour le Pacifique et l'Atlantique. Au long du parcours les vents se chargent d'humidité à mesure que la température de la mer augmente, accroissant l'évaporation. L'eau se condense sous la forme des pluies tropicales. Ce rectangle vertical de circulation d'air, qui couvre la moitié du globe dans le cas du Pacifique, peut se déplacer légèrement au niveau de l'équateur. C'est l'oscillation du Sud.

La branche ascendante peut notamment se déplacer vers l'est. C'est ce qui se produit au début de 1982. Les pluies charriées par les vents d'est s'écroulent prématurément au niveau de la ligne de changement de date vers le Pacifique Central. L'Est de l'Australie et l'Indonésie s'assèchent. D'inhabituels vents d'ouest apparaissent au large de leurs côtes, et la température de l'eau s'élève au milieu du Pacifique. Généralement le niveau de la mer est plus haut d'environ 40 cm du côté indonésien, vers la mer de Corail, que sur la côte sud-américaine. Si les alizés soufflent fort, ils poussent l'eau chaude équatoriale de surface qui s'accumule à l'ouest et la différence de niveau augmente. On a pensé que l'affaiblissement des alizés provoquait l'apparition d'El Niño car alors l'eau chaude s'écoule selon la pente vers l'est et envahit le Pacifique Central puis ses extrémités Est. Cependant l'importance de ce facteur n'est pas évidente dans le cas des événements de 1982. Les relations entre le vent, la mer, la température de l'eau, le jeu des courants, les dépressions atmosphériques ne sont pas encore claires et font l'objet d'intenses recherches[1]. On n'est pas sûr par exemple du rôle de l'océan Indien, et de ses moussons. La circulation des masses d'air du sol aux parties hautes de l'atmosphère et leurs déplacements horizontaux concernent la Terre entière. Durant les périodes d'El Niño, le Nord-Ouest du Canada est soumis à un froid rigoureux du fait de l'augmentation de la pression atmosphérique à haute altitude.

Les fluctuations locales du climat sont la résultante du jeu global solidaire des forces primitives du vent et de l'eau à la surface de la planète. On dit que les éruptions volcaniques peuvent servir de détonateur pour le déclenchement de processus exceptionnels. L'El Niño anormal de 1982 a suivi la formidable injection de matières sulfureuses dans la haute atmosphère, facteur de réchauffement de celle-ci, due à l'explosion d'El Chichón au Mexique en mars 1982, comme l'El Niño anormal de 1963 avait suivi l'éruption d'Agung en 1963.

1. *La Recherche*, n° 106, décembre 1979, p. 1212 ; et *Nature*, 24 mars 1983, p. 295.

Dans un monde où quelquefois les jeux politiques dépendent des humeurs psychologiques des citoyens, dans un monde de plus en plus obsédé par l'économie, la météorologie devient un facteur important qui conditionne les réussites ou les échecs. Malheureusement, ce grain de sable ne peut s'intégrer à l'avance dans les plans les plus savants, fussent-ils rigoureux. Bien souvent, finalement, il compte plus que les décisions des experts.

LE MÉTÉORE DE SIBÉRIE

Le 30 juin 1908 à 7 h 17 du matin, les quelques milliers de Kets, une maigre population sibérienne qui habite le bassin de la Toungounska Pierreuse, un affluent de l'Ienisseï à environ 800 km au nord du lac Baïkal, ont dû croire que leur grand Dieu Es, d'habitude bon et pacifique, s'était encore une fois trouvé contraint de précipiter sur la Terre dans un éclair de feu bleu son infernale épouse Hosadam, de nouveau coupable d'adultère avec le grand-père Hys, la Lune. Ce matin-là, la colère céleste s'abat et brûle des milliers d'arbres de la taïga dont les racines culbutées pointent intérieurement les rayons d'un cercle de 40 km de diamètre vers un centre situé par 60° 55' de latitude Nord et 101° 57' de longitude Est. La lueur et le bruit d'une explosion sont perçus à plus de 1 500 km. Une onde de choc fait deux fois le tour de la Terre et est enregistrée par les observatoires mondiaux. Durant les nuits qui suivent, le ciel est si clair et si lumineux qu'on peut lire le journal à minuit dans les villes du Sud de la Russie. Cependant ce n'est que dix-neuf ans plus tard, en mars 1927, qu'une expédition envoyée par l'Académie des Sciences de l'URSS atteint la région.

Un témoin dont le village est à 60 km de l'épicentre parle d'un bolide bleu aveuglant, « à côté duquel la lumière du Soleil paraît noire », du bref éclair d'une colonne verticale de feu. Il raconte qu'il a subi successivement : une onde de chaleur qui a brûlé ses vêtements, un souffle qui l'a jeté au sol, un bruit de tonnerre qui a balayé son isba. Un Toungouze, Liuchetken, dit que sa famille a perdu 500 rennes, calcinés ou volatilisés au milieu des arbres tordus et brûlés, et que dans des caches l'argenterie et les samovars ont fondu. L'expédition ne trouve sur place, au centre du cercle de forêt ravagée, que les traces d'un gigantesque incendie. Aucun objet, aucun roc, et surtout aucun cratère. Des fouilles conduites jusqu'à la profondeur de 34 m ne permettent pas d'observer la moindre marque d'un impact quelconque. Plusieurs expéditions et même une reconnaissance aérienne en 1938 n'apportent rien de nouveau sinon des précisions géographiques sur l'étendue de la zone concernée. Le mythe du météore de Sibérie est né.

Après la guerre, les imaginations libérées par la découverte des explosions atomiques font le rapprochement qui s'impose avec le récit des témoins, et les littérateurs de la para-science s'emparent de l'affaire pour y voir une preuve de l'explosion accidentelle, mais propre, d'un vaisseau spatial nucléaire monté par quelques extraterrestres en perdition. On voit des scientifiques sérieux, dont un prix Nobel, avancer des hypothèses presque aussi saugrenues : d'abord, en 1960, on suppose l'explosion d'une météorite chargée d'une matière fissile comme le plutonium dont la masse critique est atteinte sous la compression du choc ; puis on suggère, en 1965, une rencontre entre la Terre et un caillou céleste d'antimatière annihilé au contact de l'atmosphère, enfin, en 1973, on imagine une perforation de la planète par un minuscule trou noir de quelques angströms de diamètre (mais on ne trouve pas de preuves de sa sortie dans l'Atlantique Nord).

En 1975, on réexamine les documents enregistrés par les observatoires en 1908, et on précise un peu mieux les données énergétiques de l'affaire. L'explosion s'est produite à une altitude de 8,5 km et son énergie est équivalente à 12,5 mégatonnes de TNT. Elle correspond le plus probablement à la dissociation d'un noyau de comète, une sorte de boule de neige sale de glace de méthane et d'ammoniac solide d'une quarantaine de mètres de diamètre. Une hypothèse déjà faite en 1930 et qui a l'avantage d'expliquer la luminescence du ciel nocturne à cause de la poussière de la queue de la comète dispersée dans la stratosphère.

On remarque aussi (en 1965) que la teneur en carbone 14 a augmenté dans l'atmosphère en 1909, et qu'une forte diminution de la teneur en ozone s'observe de 1908 à 1911, diminution qui a pu affecter le climat de ces années-là, et qui peut être attribuée à l'injection dans la stratosphère lors de l'explosion de la Toungounska de 30 millions de tonnes d'oxydes d'azote, destructeurs d'ozone (1981). Enfin, le 10 juin 1983, la revue américaine *Science* présente les résultats de l'analyse de minuscules sphères métalliques de quelques microns de diamètre découvertes après de patients efforts par les chercheurs russes dans des terrains situés de 25 à 70 km au nord-ouest de l'épicentre. Ces microsphères contiennent des quantités notables d'iridium, un métal rare et lourd dont l'abondance caractérise les matériaux d'origine extraterrestre. Les fluctuations de composition chimique de ces particules indiquent qu'elles ont été produites par la condensation de gaz formés lors de la volatilisation à très haute température d'un objet extraterrestre. Le vent dominant ce jour-là les a déposées comme des gouttes de pluie chaude loin au nord-ouest du lieu de l'explosion. L'analyse de la glace formée par la neige tombée sur l'Antarctique en 1909 montre que ces poussières ont aussi été dispersées sur l'ensemble de la planète. Des quantités analysées, on déduit qu'elles proviennent probablement de la désintégration d'une météorite pierreuse d'un diamètre d'environ 160 m.

Mais tout n'est pas encore très clair. En effet si les études récentes expliquent peut-être l'un des mystères, à savoir l'absence de cratère, elles ne se rendent pas compte du mécanisme de l'explosion elle-même, et surtout de la formidable quantité de radiation thermique émise. Si aucune réaction nucléaire n'est en jeu, ce qui paraît probable, c'est peut-être du côté des réactions chimiques très puissantes qui mettent en jeu des « radicaux libres », groupements d'atomes rares et instables, qu'il faut chercher. Du coup, l'objet céleste qui frappa la Sibérie le 30 juin 1908 reste toujours aussi énigmatique.

LE RENVERSEMENT DES PÔLES

Beaucoup de mots bien frappés de notre français moderne sont empruntés à la technologie des transports. Ainsi les images du voyage interrompu, du véhicule en panne, de l'instrument déréglé nous servent-elles à illustrer de désagréables situations de trouble. On dit que les gens « déraillent », que « l'Afrique ne décolle pas », que « le président du Conseil n'embraie plus » ou que « le patriotisme est déboussolé » (ces deux derniers exemples empruntés au *Robert* citant *Le Monde*...). La machine qui marche bien, le cadran fidèle sont donc les références de la normalité. L'aiguille aimantée, en particulier, a toujours inspiré la plus ferme confiance, gardienne qu'elle est de ce Nord qu'il ne faut point perdre. Christophe Colomb, le premier, découvrant en plein Atlantique inconnu, entre le 13 et le 30 septembre 1492, la déclinaison magnétique, c'est-à-dire la différence entre le nord de l'Étoile polaire et celui de la boussole, choisit, délibérément, contre son équipage, l'instrument, « qui dit toujours la vérité ».

Si, par la suite, on s'est rendu compte assez vite que le pôle magnétique était en fait quelque peu baladeur, qu'il se promenait avec fantaisie au cours du temps, comme en témoignent les savantes indications portées sur nos cartes géographiques, il a fallu attendre les années 60 de notre siècle pour que des doutes plus profonds sur sa stabilité définitive se fassent jour dans la communauté scientifique. Aujourd'hui, grâce aux mesures paléomagnétiques effectuées sur des séquences soigneusement repérées de sédiments déposés dans des eaux calmes, ou sur des laves volcaniques dans lesquelles les matériaux magnétiques ont figé la direction du champ terrestre au refroidissement, on sait que des renversements des pôles magnétiques se produisent fréquemment, à l'échelle, bien sûr, des temps géologiques.

Le pôle Nord (magnétique) devient le pôle Sud et vice versa. C'est arrivé sans doute des milliers de fois. Pour les dernières 100 millions d'années on trouve environ 200 renversements de ce type de durée vastement inégales. Ils servent maintenant à dater avec précision la succession des époques géologiques. Des chercheurs français[1] ont étudié la fréquence à laquelle ces événements se produisent. Ils trouvent que leur nombre a tendance à augmenter à mesure que le temps passe, mais pas d'une façon régulière : il y a des pointes de renversements plus fréquents qui dessinent une période de 15 millions d'années, période qui semble être la plus longue connue pour un phénomène géophysique. Un profond, lent et régulier battement de la vie de la Terre.

La transition du Nord au Sud ou du Sud au Nord a quelquefois pris 15 000 ans au cours desquels le Pôle se promène apparemment presque n'importe où sur la surface de la Terre. Un dépôt d'argile marine dans l'Ouest de l'île de Crête a permis de suivre avec précision les évolutions du pôle géomagnétique virtuel nord au cours de deux renversements semblables, du Sud au Nord, éloignés dans le temps de 1 million d'années. Le parcours du pôle virtuel est dans les deux cas presque identique : il zèbre l'Amérique de l'Atlantique Sud à la baie d'Hudson, via Rio de Janeiro et la Floride, avec çà et là une ou deux excursions californiennes. L'observation est importante car elle peut contribuer à comprendre le mécanisme encore obscur qui, dans les profondeurs du globe, provoque le déboussolage de la planète.

On sait maintenant que la source du champ magnétique

---

1. A. Mazaud, C. Laj, L. de Sèze, K.L. Verosub, *Nature, 304*, p. 328 (28 juillet 1983) ; et J.P. Valet, C. Laj et C.G. Langereis, *304*, p. 330.

terrestre est à chercher dans les déplacements tirebouchonnés d'un milieu liquide conducteur de l'électricité à environ 3 000 km de profondeur, sous le manteau silicaté. Ce fluide renferme en son sein brûlant l'ultime noyau de fer et de nickel, dur et solide, de 1 200 km de rayon. Ce sont des courants de convection profondément dissymétriques dans cette boule molle, soupe dense d'électrons et d'atomes métalliques, qui entretiennent le champ. La théorie mathématique qui peut permettre à partir d'un modèle de turbulence de calculer la force et la polarité du champ est extrêmement complexe, et son application est limitée par le manque de données expérimentales. On soupçonne que de petits changements dans la vitesse, la position, l'ampleur des tourbillons produisent la variation séculaire des pôles. Périodiquement, ils se combinent pour renverser l'axe magnétique de cette gigantesque dynamo. La question est de savoir si une représentation convenable peut être obtenue du phénomène ; de plus, il faut aussi identifier les sources d'énergie responsables des mouvements internes dans cette masse ardente.

En tout cas il apparaît que le champ magnétique et ses sauts brusques existent depuis que notre monde est monde, ou à peu près. C'est une chance, car la présence de cet aimant versatile sous nos pieds protège les molécules de nos têtes d'une destruction certaine sous les coups des énergétiques particules du vent solaire. Au contraire, la Lune, qui a perdu son champ magnétique à l'âge tendre de 1 000 millions d'années, continuellement martelée par ces piques primitives d'énergie brute, s'est enveloppée de la triste poussière grise de ses roches pulvérisées.

La Terre a 4 600 millions d'années. Elle s'est formée très vite, peut-être en 10 millions d'années, d'un nuage moléculaire placentaire qui flottait dans l'espace. Tout est probablement apparu, simultanément, sous le paroxysme de la fusion créatrice des masses précipitées les unes sur les autres, dans le rut des rudes embrassades de l'attraction gravitationnelle. Dans la chaleur de ce désordre, les matériaux se sont différenciés entre cœur, manteau et atmosphère gazeuse. Tout de suite, l'agitation interne dans ce cœur tout neuf a dû engendrer le dipôle magnétique. Éclatant d'ultraviolet (100 fois plus qu'aujourd'hui), le jeune Soleil a irradié cette bouillie confuse, cet enchevêtrement turbulent d'atomes et de molécules simples, comme l'eau, l'oxyde de carbone et le gaz carbonique ; alors s'est formée une sorte de petite molécule espérance, une molécule un peu plus complexe que les autres, comprenant de l'oxygène, du carbone et de l'hydrogène : la molécule de formaldéhyde, notre bon vieux formol. Sous l'ombrelle protectrice du champ magnétique, c'était notre histoire qui commençait.

LA BACTÉRIE DE L'ESPACE

Un atome ou une molécule, c'est un peu comme une grenouille météorologique placide au pied de son échelle. Si on l'excite, elle escalade les barreaux, quitte à redescendre d'un saut brusque. Les barreaux de l'échelle atomique ou moléculaire, plus ou moins nombreux et à l'espacement irrégulier, sont des états d'énergie discrets, bien définis, que la mécanique quantique impose aux systèmes noyaux-électrons simples ou multiples. Chaque atome ou chaque molécule a son échelle spécifique, unique, car elle n'est semblable à aucune autre. On s'installe sur l'échelle en absorbant l'énergie qui correspond exactement à la hauteur des barreaux. Pour revenir au sol, il y a en gros deux méthodes : soit on dégringole niveau par niveau, on cède l'énergie acquise à l'environnement sous forme de chaleur par exemple ; soit on saute d'un coup et on largue l'énergie dans l'éblouissement d'une gerbe de photons monochromatiques. Pratiquement, observée sur le fond lumineux de l'arc-en-ciel étalé par le prisme, cette gymnastique d'absorption se marque par des petites bandes noires qui hachent les couleurs. Si quelque puissant moyen d'excitation est utilisé, capable de projeter l'atome ou la molécule dans les parties hautes de son échelle, on peut provoquer l'émission de faisceaux de lumière aux couleurs pures que la spectrographie sépare. Les feux d'artifice, les lampes fluorescentes, les tubes néons, les lasers, l'écran de télévision font largement usage de cette propriété sautillante des atomes ou des molécules. La technologie en profite pour bouleverser notre monde visuel naturcl.

L'Univers est fait partout des mêmes éléments, si bien que les astronomes peuvent utiliser les résultats obtenus sur Terre par les spectroscopistes pour identifier atomes et molécules dans les étoiles proches ou les galaxies lointaines. La petite lumière qui scintille dans le ciel nocturne, blanchâtre, bleuâtre ou rosâtre, captée par la fente d'entrée du spectrographe, va se décomposer dans l'arc-en-ciel d'une multitude de raies, dont la mesure précise permettra de reconnaître les échelles d'énergie spécifiques sur lesquelles, là-bas, loin dans l'espace, tel atome ou telle molécule exécute sa sarabande frénétique. Il y a aussi dans l'espace des sources de lumière « blanche », dont l'intensité est répartie également en fonction des longueurs d'onde selon une courbe continue, sans creux ni bosses, comme celle des lampes à iode de nos voitures. Il arrive que des nuages de poussières interstellaires qui n'émettent pas eux-mêmes de lumière absorbent des fractions de cette émission continue, et révèlent ainsi leur existence. La longueur d'onde à laquelle se fait l'absorption est caractéristique des matériaux interposés entre la source « blanche » et notre œil terrestre.

La nature de ces poussières interstellaires est le sujet, ces temps-ci, de débats vifs. On pense généralement que c'est de la poussière de caillou, c'est-à-dire des particules de silicate, ou encore de petits éclats de glace. Mais voici que des voix discordantes se font entendre. Le célèbre astronome anglais, Sir Fred Hoyle, vulgarisateur scientifique et auteur de science-fiction réputé, s'acharne depuis quelques années à interpréter des absorptions qui se produisent dans l'infrarouge vers 3 et 10 microns. Il a d'abord avancé l'idée qu'elles étaient dues à des polymères du formol (substance abondante dans les nuages moléculaires) déposés sur des particules pierreuses (1974). Puis il a affirmé (1977) que ces polymères pourraient bien être, tout simplement, de la cellulose ou de l'amidon ; enfin (1979), il a suggéré comme source de l'absorption la sporopollénine, un composé que l'on rencontre habituellement dans les parois des cellules des spores et des pollens. Cela a engendré pas mal de fureur ; mais son dernier coup a provoqué, début novembre 1983, une réunion orageuse des membres de la très digne Royal Astronomical Society : il prétend avoir identifié un spectre d'absorption interstellaire qui correspond à celui de la célèbre bactérie *Escherichia Coli* !

La donnée expérimentale sur laquelle s'appuie Hoyle est la mesure très précise de l'absorption que subit dans l'infrarouge entre 3 et 4 microns une source « blanche », IRS 7, une étoile supergéante, voisine du centre galactique. Des séries de bandes assez fines, assez définies, sont visibles sur le document obtenu par un observatoire australien. Le jeu est bien sûr de comparer avec les multiples données entassées par les chimistes organiciens qui utilisent la spectrographie infrarouge pour reconnaître les molécules. Le problème est que la portion de spectre en question, qui correspond à l'énergie de vibration des liaisons carbone-hydrogène, azote-hydrogène et oxygène-hydrogène, ne permet pas vraiment, seule, de caractériser un composé plutôt qu'un autre. Il s'agit certainement de la superposition des contributions d'un grand nombre de molécules. Hoyle prétend que le spectre d'*Escherichia Coli* desséchée (et de quelques autres micro-organismes ramassés dans une rivière près de son laboratoire) ressemble à celui de la poussière qui intercepte l'émission d'IRS 7 plus que n'importe quoi d'autre !

Il concède cependant qu'une autre substance pourrait également rendre compte de l'observation. Il s'agit d'une tholine. Les tholines, c'est l'invention d'une autre vedette de l'audiovisuel, un pape de la vulgarisation scientifique, l'Américain Carl Sagan, l'auteur de la célèbre série télévisée « Cosmos ». Les tholines sont des substances qu'il a fabriquées en irradiant par de la lumière ultraviolette (2 537 Å) un mélange initial gazeux de méthane, d'éthane, d'ammoniac, d'eau et d'hydrogène sulfuré en proportions égales. C'est un infâme goudron. « Tholines » vient du mot grec *tholos* qui signifie « boueux » (et aussi voûte et coupole). C'est une substance qui résiste à l'analyse chimique conventionnelle. On y trouve apparemment de tout, des hydrocarbures linéaires et aromatiques, des acides aminés, des pyridines, etc. Les spectres d'absorption infrarouges interstellaires correspondent un peu à celui de certaines des fractions extraites de ce mélange. Sagan explique que son cocktail, qui contient de l'azote et du soufre, est plus riche que celui que Hoyle a construit sur les polymères du formol, avant la découverte merveilleuse de sa bactérie céleste.

L'enjeu idéologique de ces discussions passionnées autour de spectres vaseux et de boues indécises est bien entendu la théorie de la panspermie. Existe-t-il des germes de vie, au loin, dans l'espace extraterrestre ? Sont-ce ces graines fertiles qui ont enclenché le mécanisme biologique de la vie sur notre planète ? Personne ne doute plus qu'il y a dans l'espace un énorme réservoir de molécules organiques qui sont potentiellement des matériaux constitutifs du vivant. Des expériences comme celle de Sagan établissent que des substances complexes sont produites, facilement, dans un milieu où la lumière ardente est un facteur créateur (mais aussi destructeur). D'autres expériences faites en France ont montré que le carbone présentait dans certains oxydes, comme la magnésie, une étrange réactivité qui peut conduire à des synthèses organiques inattendues à partir d'un milieu au départ purement minéral. Il reste qu'il n'y a pas encore de preuves que la vie émerge de cette chimie. Mais on les cherche frénétiquement.

Le 28 septembre 1969 à 11 heures du matin, une météorite est tombée au sol à Murchinson, dans la province de Victoria en Australie. De très nombreux fragments ont été immédiatement collectés. Cette météorite, de la classe des chondrites, contient 2 % en poids de carbone et 0,16 % en poids d'azote. Les premières analyses ont montré que le carbone et l'azote sont engagés dans une multitude de combinaisons chimiques, parmi lesquelles très clairement cinq amino-acides, par ordre d'abondance : la glycine, l'alanine, l'acide glutamique, la valine et la proline (mais pas la sérine, constituant principal, dans ce domaine, des empreintes digitales...). Les variétés droite et gauche des espèces non symétriques sont représentées à part égale (les systèmes vivants produisent généralement les variétés gauche). La répartition des acides aminés, de même que celle des hydrocarbures, suggère une origine chimique et non biologique, une naissance due peut-être aux effets d'une puissante décharge électrique dans un gaz formé principalement de méthane. Rien qui fasse penser jusqu'à présent à de la bouillasse de bactéries cuites par les radiations cosmiques. Cependant, dans plusieurs laboratoires, on s'acharne, au moyen des méthodes les plus modernes, dans les difficultés dues aux risques de contamination, pour tenter de découvrir au sein des cailloux qui nous tombent de l'espace sur la tête des molécules dont l'origine pourrait être biologique... Avons-nous si peur d'être seuls ?

LE SATELLITE ET LES PHOTONS

Les autoroutes des États-Unis constituent un territoire fédéral qui est généralement enclos. Sur les bas-côtés, entre la chaussée et la barrière, on peut voir, surtout dans les États « chauds », une bonne accumulation de boîtes métalliques vides, résidus de la consommation de bière ou de boissons gazeuses par les automobilistes assoiffés. Ces boîtes scintillent au soleil et heureusement les virages sont rares et doux sinon on pourrait craindre que des tas bien disposés ne provoquent, comme nos codes en ville, l'éblouissement des conducteurs et, partant, de regrettables accidents.

On n'imagine pas qu'une telle aventure puisse survenir à l'ordinateur qui pilote un satellite lancé dans l'espace au-dessus de nos têtes à 30 000 km à l'heure. C'est pourtant ce qui, semble-t-il, est arrivé le 22 septembre 1979 à un satellite Vela, chargé de surveiller d'éventuels essais nucléaires dans l'atmosphère. Ce satellite croisant quelque part dans l'hémisphère Sud au voisinage de la partie méridionale de l'Afrique a enregistré, par ses détecteurs optiques dirigés vers la Terre, un double flash lumineux. Ce double flash est absolument semblable à celui que l'appareil devrait effectivement déceler s'il observait l'explosion d'une petite bombe nucléaire d'une puissance d'environ 3 kilotonnes, sauf que le détecteur le plus sensible a enregistré moins de lumière que le détecteur le moins sensible, ce qui est paradoxal, et qu'aucune trace de radioactivité n'a été subséquemment observée dans l'atmosphère ou dans les précipitations sur l'hémisphère Sud, région encore peu polluée au point de vue nucléaire et où, par conséquent, la détection est facile.

La commission d'experts réunis par la Maison Blanche, vu l'importance politique du problème, a conclu provisoirement que le phénomène lumineux décelé, simulant une explosion atomique, est dû à la présence d'un objet réfléchissant passant sous le satellite et qui tournant sur lui-même a aveuglé les détecteurs, mais surtout l'un d'entre eux, par deux réflexions successives du Soleil. On voit qu'effectivement, parmi tous les débris qui polluent l'espace à la suite de sa conquête, la boîte de bière (vide ?) est une bonne candidate pour expliquer l'observation. Une petite feuille d'aluminium, comme celles que jetaient sur Paris pendant la guerre les avions alliés pour tromper les radars, ferait d'ailleurs aussi bien l'affaire. Naturellement, la probabilité pour qu'une boîte de bière se trouve ainsi placée sur une trajectoire voisine de celle d'un satellite d'affinité militaire est extrêmement faible, à peu près égale à celle d'une explosion atomique sans retombées radioactives.

Cependant, grâce à un dispositif nouveau, très sensible, en service depuis seulement deux semaines à l'époque, l'observatoire d'Arecibo à Porto Rico a enregistré cette même nuit du 22 septembre, quelques heures après l'aventure du Vela, la propagation d'une perturbation dans l'ionosphère qui pourrait correspondre à l'injection d'électrons provenant d'une explosion atomique. L'onde arrivait bien de la direction de l'Afrique australe, c'est-à-dire du sud-est, se déplaçant vers le nord et traversant l'équateur, une trajectoire qui n'a jamais été observée pour les perturbations naturelles créées le plus souvent par des orages magnétiques aux Pôles.

La commission d'enquête vient, malgré tout, de confirmer définitivement ses premières conclusions. Elle se réserve cependant la possibilité d'avoir été trompée par des atomistes particulièrement malins[1].

En même temps, on nous parle[1] de guerre des satellites,

1. *International Herald Tribune*, 21 avril 1980. Depuis, on a soupçonné la France d'avoir fait, du côté des Kerguelen, un essai de bombe à neutrons...

et d'essais de destruction sur orbite à grands coups de faisceau laser. On se souvient que, récemment, un satellite de communications a disparu sans laisser de traces, quelque part au-dessus du Pacifique. L'exemple du Vela frôlé suggère que cet appareil a pu être victime d'un accident de circulation ; il est urgent de se préoccuper des problèmes de pollution de l'espace.

L'accumulation d'événements étranges et improbables dans la nuit du 22 septembre 1979 au voisinage de la Terre rappelle l'aventure survenue le 5 mars 1979 à 9 satellites dispersés dans le Système solaire. Ils ont observé, provenant de l'espace, un « flash » de rayons gamma (des photons de haute énergie) d'une intensité extraordinaire et très bref (1 milliseconde). On observe assez souvent (environ une fois par mois) des flashes d'énergie venant de l'espace, brusques bouffées de rayons cosmiques ; mais ils sont 100 fois moins intenses que le phénomène du 5 mars et durent plusieurs secondes. C'est le dépouillement des observations des satellites de surveillance Vela précisément qui a permis de les mettre accidentellement en évidence. Leur source ne peut généralement pas être identifiée avec certitude.

Or, le 5 mars 1979, pour ce flash extraordinaire, la répartition et le nombre des détecteurs ont permis de déterminer la source avec une bonne précision. Et, à la surprise générale, il est apparu que le rayonnement provenait d'une autre galaxie, apparemment de N 49, un résidu de supernova dans le Grand Nuage de Magellan. En raison de la brièveté du flash, la dimension de la source doit être très faible (quelques centaines de kilomètres), ce qui implique une densité d'énergie fantastique. On peut imaginer que les rayons gamma sont le résultat d'une explosion nucléaire dans une couche très mince de quelques centaines de microns à la surface d'une étoile à neutrons très chaude, produisant des photons de très haute énergie. En raison de leur abondance, ils entrent en collision, se transforment en paires d'électrons et de positons eux-mêmes source directe et très fugitive du colossal rayonnement observé. Ensuite, la densité de l'étoile, et, par conséquent, la force de la gravité deviennent trop grandes pour que quoi que ce soit puisse s'en échapper. D'ailleurs, dans le seul cas où l'on a déterminé une direction pour la source d'une bouffée « ordinaire » de rayons gamma, l'espace paraît vide. En conséquence, certains doutent que la source de l'événement du 5 mars soit vraiment dans une autre galaxie.

Voilà donc que nos satellites espions détectent la présence autour de la Terre de photons bien localisés, dont l'origine est inconnue, mais qui paraissent liés à des sources nucléaires évanescentes. Ces photons facétieux ne sont pas honorables. Ils n'ont pas de carte d'identité. Leur qualité présumée de réfugiés, rescapés de mondes disparus, les rend suspects. On peut craindre que, apportant chez nous l'image de drames nucléaires lointains dont ils miment pour nos appareils l'apparence et l'ardeur, ils n'interfèrent avec les délicats équilibres des puissances terrestres tant nous sommes habitués à prendre l'image pour la réalité. De quelle dépêche d'Ems céleste ces signaux mystérieux ne pourraient-ils pas être un jour porteurs ?

C'est que, dans l'espace précieux de la nuit étoilée, cet univers des poètes, ces scintillements romantiques au-dessus de nos têtes ne sont que les furieuses éructations de réacteurs atomiques emballés. Un vomi de photons de toutes énergies, des ondes radio, à la lumière visible, aux rayons X jusqu'aux rayons gamma avec quelquefois des hoquets brutaux dans les spasmes de l'agonie, de l'anéantissement dans le corps noir. On dit que les étoiles connaissent le destin des hommes. Mais l'homme connaît peu les étoiles, il a beaucoup à en attendre, pour le meilleur ou pour le pire.

L'Univers que forment toutes ces constellations est, on le sait, en expansion. Il n'est qu'une surface sphérique comme celle d'une bulle de savon qui grandit, qui grandit, avant de se contracter... ou d'éclater. Justement, on vient de découvrir que cette expansion se faisait plus rapidement que prévu, la constante de Hubble a doublé et, partant, le temps n'est plus si éloigné où cet Univers n'était encore qu'un point minuscule d'une densité infinie et nous dedans, notre Terre et le Soleil et tout le reste, avec toutes nos particules. L'Univers est âgé de seulement 10 milliards d'années au lieu de 20 comme on le croyait. Depuis l'explosion qui l'a fait naître, il est en principe régulier en sa croissance, égal de place en place dans son immensité. Cependant, il semble que, quand même, nous puissions nous flatter de ne pas nous trouver à un endroit ordinaire et vulgaire : notre position sur la bulle est spéciale. En effet, la constante de Hubble est, pour nous, plus faible dans une direction située légèrement au nord de l'amas de galaxies de la Constellation de la Vierge. Pour tout dire alors que, sur la surface de la bulle qui gonfle, tous les points s'écartent en principe uniformément, nous sommes dans la situation (c'est-à-dire notre Galaxie) de nous rapprocher (ou de nous éloigner moins vite, les avis diffèrent) de l'amas de la Vierge, ceci à la vitesse de 500 km/s. Se rapprocher signifie tomber, bien sûr.

La nouvelle constante de Hubble a été établie par une série d'observations qui pour la première fois mesurent la brillance apparente des étoiles (magnitude) dans l'infrarouge et non pas comme on le fait d'habitude dans la partie jaune, bleue ou ultraviolette du spectre : c'est qu'en effet, jusqu'à présent, les astronomes utilisaient comme détecteur cet instrument ancien qui est la plaque photographique. Celle-ci continue d'ailleurs à se perfectionner par la recherche, justement pour les besoins des astronomes, comme en témoigne la publicité d'un grand fabricant. Cependant, si l'on veut déterminer la masse d'un objet céleste par le nombre des photons émis dans le bleu, c'est un mauvais choix, car ce domaine du spectre ne correspond qu'à 1 % de la masse alors que les 99 % restants donneront 90 % du signal infrarouge. De plus, l'infrarouge est très peu absorbé dans l'espace interstellaire et intergalactique. L'utilisation des techniques modernes pour mesurer la luminosité dans l'infrarouge peut donc conduire à une révolution en astronomie et la constante de Hubble paraît être la première victime. Il est étonnant qu'il ait fallu attendre l'aube des années 80 pour voir se développer une technique de mesure réellement adaptée à la nature des émissions stellaires pour ce problème particulier, alors que la physique de l'état solide a depuis des années produit les détecteurs très sensibles nécessaires et que ceux-ci sont très répandus dans la technologie avancée, en particulier, justement pour l'équipement des satellites, notamment des militaires, pour l'observation du sol.

Espérons que le transfert des conquêtes de la physique vers la fondamentale science céleste conduira à de nouvelles et passionnantes découvertes. On sait toute l'importance que prend, par exemple, la radioastronomie. Malheureusement, on peut dans ce domaine déplorer le fait qu'il soit devenu impossible d'écouter les émissions éventuelles de l'espace sur les longueurs d'onde radio ordinaires. En effet, on ne pourra jamais imposer aux passions de la planète Terre le silence radio qui serait nécessaire, même pour vingt-quatre heures.

L'homme, assoiffé d'énergie, contemple ses rêves de puissance dans le laboratoire nucléaire qu'est le ciel et déjà il commence à jouer avec la substance des étoiles. Le sénateur américain Mike Mac Cormack a récemment invité son gouvernement à lancer l'équivalent d'un projet Apollo pour soutenir les recherches sur la fusion (la réaction deutérium-tritium qui fournit des neutrons et dont le contrôle permettrait de résoudre complètement le problème des ressources énergétiques). C'est d'ailleurs, comme l'espace, un domaine où la coopération Est-Ouest a été bonne. Il s'agit de réaliser pratiquement les formidables pressions et températures qui permettront dans un volume plus faible que celui d'une goutte de rosée de mettre le soleil en bouteille. Car, au train où nous consommons, il ne suffira pas de récupérer l'énergie que cette étoile nous transmet à travers l'espace sous forme de photons.

LA TERRE LAPIDÉE

Il arrive, de temps en temps, dans la science, qu'un visionnaire un peu imaginatif lance une petite idée qui, sur le coup, fait rigoler tout le monde. Parfois, quelques siècles, quelques décennies, ou quelques années plus tard, la petite idée est tenue pour la chose la plus évidente du monde, un élément de science sûr, certain, et que personne ne peut plus mettre en doute. Ainsi en fut-il, par exemple, pour l'idée que la Terre tourne autour du Soleil.

En 1969, dans une réunion très officielle de paléontologues, un savant nommé Mac Laren avait avancé l'hypothèse que l'extinction massive de la faune vers la fin du dévonien, il y a environ 280 millions d'années, pouvait être due à une catastrophe provoquée par l'impact sur la Terre d'un bolide extraterrestre. Cette étonnante proposition ne suscita que quelques haussements d'épaules enjoués. Cependant, en 1980, une équipe de géochimistes de Berkeley dirigée par le prix Nobel Luis Alvarez découvrait dans une mince couche d'argile à la limite du crétacé et du tertiaire une concentration anormalement élevée d'iridium, un métal lourd du groupe du platine. Pour expliquer la présence de cet iridium les géochimistes supposaient qu'un objet extraterrestre d'environ 10 km de diamètre avait frappé la Terre. Les débris et la poussière formés dans l'impact se seraient dispersés jusque dans la stratosphère et durant quelques mois, ou quelques années, auraient bloqué la lumière solaire, provoquant l'extinction massive de plusieurs espèces animales et végétales, en raison du changement drastique de climat. Nous avons raconté cette histoire (voir au début « L'iridium de la fin du monde »).

Depuis, la controverse fait rage. La majorité des paléontologues tient en effet pour assuré que les extinctions parfaitement claires au passage du crétacé au tertiaire, il y a 65 millions d'années, se sont produites en un temps court à l'échelle géologique, mais pratiquement très long, de l'ordre de 1 à 10 millions d'années. La chose a pris l'allure d'un conflit entre gradualistes et catastrophistes ; ces derniers accusés de projeter dans la science des vues marxistes perfides, à savoir que la révolution brutale est la voie naturelle du progrès.

Il semble qu'en ce moment les partisans de la théorie de l'impact accumulent les preuves expérimentales en faveur de leur hypothèse[1]. La teneur anormale en iridium à la limite crétacé-tertiaire a été retrouvée dans 50 sites différents où cette limite est géologiquement nette. Ces sites sont répartis un peu partout dans le monde, sur terre et au fond des océans. Quatre groupes de recherches américain et trois européens (URSS, Pays-Bas, Suisse) se sont déjà spécialisés dans ce domaine. La preuve a également été apportée que la petite couche d'argile (3 cm d'épaisseur) formant la limite est composée de minéraux (smectites) provenant de la dégradation de fines particules sphériques de verre qui semblent avoir été formées par la fusion des matériaux du sol et du météore dans l'énergie de l'impact avant d'être dispersées et de retomber partout sur la Terre. De plus, il paraît établi que ces argiles se sont toutes déposées sous la même orientation paléomagnétique (zone 29R, c'est-à-dire que le « nord » magnétique était au sud), ce qui confirme la contemporanénité de l'événement à l'échelle de la planète.

Le problème de la simultanéité et de la rapidité des extinctions biologiques est techniquement plus difficile à résoudre. On ne peut pas facilement faire, comme pour les éléments minéraux, une analyse millimètre par millimètre

1. *Science*, 16 et 23 mars 1984.

de la transition entre deux terrains. La résolution dans le temps de l'analyse du passage d'une forme animale, ou végétale, fossile à une autre comporte une incertitude qui peut atteindre 1 million d'années. Or, il s'agit de repérer des extinctions qui ont pu se produire en masse en moins de dix ans. On fouille actuellement les terrains avec soin. Dans la craie du Danemark on a pu montrer la brutale et définitive extinction des ammonites qui coïncide avec celle du plancton. Les célèbres ammonites forment un groupe d'animaux marins de l'ère secondaire qui a connu au long de son histoire des hauts et des bas : il était plutôt au creux de la vague à la fin du crétacé, mais, au moins au Danemark, les espèces bien établies, anciennes, semblent en pleine forme jusqu'à la fin. Il en est de même des brachiopodes, coquillages marins bivalves, très petits et très nombreux dans le maestrichtien et qui sont complètement absents dans les premiers mètres du danien au-dessus de la fatale couche d'argile. Les brachiopodes réapparaissent ensuite en abondance, mais il n'y a plus que cinq espèces sur vingt communes avec celles du crétacé.

Ces observations se rapportent à la population de fonds marins anciens ; il semble cependant que, sur terre, ce soit la même histoire. A l'époque, au pied des montagnes Rocheuses en formation, il y avait de vastes plaines alluviales et marécageuses, qui étaient souvent envahies par la mer. Les parties émergées étaient couvertes d'une forêt exubérante (fougères, conifères, peupliers, chênes, ormes, sycomores) adaptée à un climat plutôt chaud. C'est à partir de la cellulose des amas végétaux morts, décomposés au fond des marais à l'abri de l'air, que des bactéries ont formé les nombreuses veines de charbon qui se rencontrent aujourd'hui dans les sols du Middle West. Ces plaines marécageuses étaient, au crétacé, l'habitat des fameux dinosaures.

On vient de retrouver dans les terrains du Montana et du Nouveau-Mexique une petite couche d'argile de 1 à 2 cm d'épaisseur enrichie en iridium. La poussière, déposée dans les marécages, a été protégée de l'érosion par la formation ultérieure des couches de charbon. La proportion des pollens de fougères par rapport aux pollens d'angiospermes (plantes à fleur) est de 15 à 30 % avant l'événement ; après, la proportion des fougères monte à 99 %, pour revenir à un niveau normal, 15 à 30 cm au-dessus de la limite. Les gradualistes soutiennent que, dans ces régions, on observe un remplacement progressif de la faune vertébrée crétacée par les nouvelles espèces du tertiaire, notamment les mammifères, processus qui commencerait bien avant la catastrophe supposée. Or, une nouvelle analyse des dépôts tenant compte du parcours des rivières au tertiaire et de l'érosion qu'elles ont fait subir au terrain crétacé prouve que la faune vertébrée montre, elle aussi, une transition brutale et que le dinosaure disparaît probablement parce qu'il a reçu le ciel sur la tête.

Les chasseurs d'iridium ne s'arrêtent pas en si bon chemin. Voici que certains prétendent avoir également repéré une anomalie d'iridium à la limite entre l'éocène et l'oligocène, autre période connue d'extinctions, il y a environ 40 millions d'années. Le ciel se serait donc encore fâché à peu près 25 millions d'années plus tard. Du coup, l'extinction de masse est à l'ordre du jour et on recherche des causes astronomiques. Les statisticiens se sont emparés du problème. Ils supposent que des pluies de gros météores, ou de noyaux glacés de comètes, frappent la Terre à intervalles réguliers. Cela s'appuie sur l'analyse de l'apparition et de l'extinction de 3500 familles d'animaux marins durant les dernières 250 millions d'années. Les 567 familles les mieux connues montrent une périodicité de l'ordre de 26 millions d'années.

Les comètes qui apparaissent dans le système solaire proviennent d'un anneau éloigné situé à plus de 20 000 fois la distance de la Terre au Soleil. Elles sont retenues très faiblement par la force gravitationnelle ; une étoile pourrait à l'occasion passer assez près du Soleil et, par son attraction, provoquer une pluie de comètes à l'intérieur du Système solaire. Cette situation peut durer 700 000 ans durant lesquels la Terre pourrait être bombardée de 10 à 200 comètes, mille fois plus que le compte normal. Seulement, on ne voit guère comment ce phénomène pourrait être périodique. Un astronome californien de Berkeley vient de sauter le pas. Il prétend que le Soleil possède un Compagnon inconnu qui tourne autour de lui en 26 millions d'années ! Il serait responsable, lorsqu'il se rapproche, des pluies de comètes. Ce Compagnon se déplacerait sur une orbite éloignée, très elliptique. Il n'aurait que le dixième de la masse du Soleil, ce serait une étoile éteinte (donc invisible), une naine blanche. Pour le moment les mathématiciens n'ont pas réussi à calculer une orbite crédible pour cet hypothétique Compagnon, une orbite qui ait pu être stable durant les 4,5 milliards d'années d'existence du Système solaire.

Une autre explication est offerte pour l'étrange périodicité des mortalités de masse : c'est que le Soleil traverse dans un sens ou dans l'autre le plan galactique tous les 30 millions d'années. Alors, les comètes du Système solaire seraient perturbées par l'attraction des immenses nuages de matière dispersés dans le plan. Certains font remarquer que nous nous trouvons actuellement dans ce plan galactique, que la dernière extinction a eu lieu il y a 13 millions d'années et qu'il n'y a, semble-t-il, rien à craindre. Ils pensent en conséquence que le danger apparaît lorsqu'on s'éloigne du plan galactique, et que l'on s'expose sans protection aux durs rayonnements électromagnétiques en provenance de l'espace. Cela peut affecter le climat, qui à son tour change les conditions de vie et induit les extinctions. Une autre équipe a mesuré le nombre et l'âge des cratères résultant d'impacts, observés sur la Terre. La statistique indique l'existence de maxima tous les 28,4 millions d'années pour les bombardements, en accord avec les périodes d'extinction.

La dispute est ouverte : changement de climat, extinctions, lapidations extraterrestres, philosophie de la théorie de l'Évolution sont en jeu dans ce nouveau champ scientifique conflictuel où l'imagination s'éclate. Il en émergera peut-être une vision neuve non seulement du passé agité de la Terre qui nous porte, mais peut-être aussi de l'espace céleste qui nous entoure.

L'ARBRE A MAZOUT

Melvin Calvin est prix Nobel, et il a une solution radicale pour résoudre la crise de l'énergie : il suffit de faire, grâce au soleil, pousser le pétrole. Comment ? Eh bien, en utilisant des plantes qui, dans leur substance végétale, contiennent naturellement des hydrocarbures. De telles plantes existent. La dernière trouvaille, *Cobaifera langsdorfi* est un gros arbre qui pousse dans la forêt brésilienne. Si on perce un trou dans son tronc, il en coule un liquide qui est un carburant tout à fait utilisable dans un moteur Diesel. Un hectare de ces arbres pourrait produire l'équivalent de 50 barils de pétrole par an (1 tonne de pétrole vaut 7,3 barils). Naturellement, il y a peu de chances d'acclimater cette espèce tropicale dans la Beauce, ou de l'introduire dans la forêt de Fontainebleau, mais la Guyane, dont la superficie est de 8 millions d'hectares, soit un sixième de la France, pourrait produire chaque année 400 millions de barils, ce qui est loin d'être négligeable puisque la consommation française est de l'ordre de 900 millions de barils. On imagine mal l'investissement qui serait nécessaire pour couvrir le pays d'une seule espèce végétale, mais après tout on a déjà vu bien pire dans l'histoire de l'écologie.

Melvin Calvin a mieux que des idées : il possède déjà une plantation productrice. Il s'agit d'un champ d'*Euphorbia Lathyrus* qui fournit effectivement 20 barils par hectare dans le Nord de la Californie. *Euphorbia Lathyrus* appartient à la famille des Euphorbes. Ce sont des plantes sérieuses : il y a dans la famille un certain *Hevea Brasiliensis* qui a construit bien des fortunes et qui a encore de beaux restes et même de l'avenir. Comme le rendement en caoutchouc de ce cousin a été en trente-cinq ans multiplié par 2 000, on peut penser que, grâce aux manipulations génétiques, *Euphorbia Lathyrus* atteindra le cap des 60 barils par hectare si on s'en donne un peu la peine.

Du coup la spéculation va bon train. Car notre euphorbe se contente de peu ; ce n'est pas, elle, une plante de forêt profonde, c'est quasiment une herbe folle de terrain vague, un coyote maigre du désert. Elle a juste besoin de beaucoup de soleil et d'un peu d'eau, et s'accommode de n'importe quel pauvre sol. Ce sont exactement les caractéristiques des immenses territoires du Sud-Ouest des États-Unis. Cela fait 120 millions d'hectares potentiellement cultivables, entre le Sud de la Californie, l'Arizona, le Nouveau-Mexique et une partie du Texas. Les rêveurs voient déjà un dixième de cette superficie planté en euphorbe, ce qui permettrait de fournir 10 % de la consommation annuelle des États-Unis en produits pétroliers. Le chiffre paraît gigantesque, mais pas trop pour un pays qui a déjà 34 millions d'hectares de maïs et 32 millions d'hectares de blé. On peut donc craindre que les déserts du Sud-Ouest, ces magnifiques décors de western, ces grandes étendues sauvages, ne soient menacés du sort malheureux des prairies à bisons du siècle dernier, et peut-être, dans un siècle, verra-t-on, à la place des cactus, onduler sous le vent du Mexique la mer immense des Euphorbes.

Le baril de brut végétal coûterait autour de vingt dollars. L'intérêt économique dépend, bien sûr, des fluctuations du cours du pétrole. Ce prix comporte les frais de culture et les frais de l'extraction qui est complexe. On imagine bien sûr une récolte mécanique à grands moyens. Le produit final est potentiellement compétitif car sa composition chimique est telle (hydrocarbures formés de 15 atomes de carbone) que par cracking il donne des composés analogues à ceux que fournit, dans les mêmes conditions, le naphte, l'une des matières premières de base de l'industrie chimique.

Euphorbia Lathyrus est donc en flèche, mais il y a d'autres candidats pour une nouvelle agriculture industrielle sur sols arides. Par exemple, les racines d'une cucurbitacée, espèce spontanée du désert, contiennent de l'amidon que l'on peut hydrolyser en glucose, les graines contiennent des huiles grasses non saturées qui peuvent servir à l'alimentation du bétail. Une autre plante, le jojoba, répandue à travers le désert de type Sonora (nom d'un État du Nord du Mexique) fournit une huile qui ne rancit jamais, qui peut être consommée ou hydrogénée pour former une cire qui donne d'excellentes bougies. Il en existe déjà des plantations étendues. Le guayule, quant à lui, est réactivé ces temps-ci après avoir eu son heure de gloire en 39-45, car il produit du caoutchouc. C'est une plante du désert de type Chihuahua (encore un État du Nord du Mexique). On allait en cultiver un million et demi d'hectares lorsque la fin de la guerre sauva, à temps, le désert. Le projet renaît, le Congrès a voté une loi pour encourager cette culture. Les Mexicains, de leur côté, ont fait d'intéressants essais techniques de production de pneus.

En Amérique du Sud également, on tente de tirer avantage d'un formidable potentiel végétal. Les choses sont déjà entrées dans la pratique avec l'emploi au Brésil de l'alcool dans les carburants pour automobiles. Cet alcool est produit actuellement à partir de la canne à sucre, mais peut-être que, pour cet usage, le sorgho peut remplacer, à long terme, la canne. Le manioc peut également être cultivé pour l'alcool, avec l'avantage de se contenter de sols plus pauvres. Le problème n'est pas technique, mais humain, car le coût du produit dépend du coût du labeur, et donc des conditions sociales faites aux travailleurs. De plus, canne et sorgho se cultivent sur les meilleures terres et la spéculation chasse les plantes vivrières pour se reporter sur les industrielles qui réservent de meilleurs profits.

Il ne manque pas pourtant au Brésil d'espaces arides immenses, producteurs potentiels de pétrole « vert ». L'Euphorbe de Calvin est native du Brésil et c'est certainement là que le terrain se prêterait le mieux à sa culture. Les chercheurs de l'université de Fortaleza ont identifié dans le sertaõ du Nordeste 52 plantes plus ou moins productrices potentielles d'essences pétrolières. Parmi elles, quelques-unes prometteuses comme cette autre euphorbe, *Croton Sonderianus*, un arbuste plus connu sous le nom de marmeilero noir, qui fournit un combustible directement utilisable dans les moteurs. C'est une plante vivace, très répandue, qui pousse vite ; les agriculteurs dont elle envahit les champs la considèrent comme une calamité. Elle se contente aussi de terres semi-arides et supporte de grandes périodes de sécheresse. Elle peut donc très facilement recouvrir le Nordeste. Les Brésiliens la voient déjà occuper 4 millions d'hectares pour commencer.

Devant ces chiffres et ces possibilités, on peut se demander sérieusement si les terres arides et actuellement maudites de la Planète, terres desséchées, terres de souffrance, terres de délire, ne seront pas demain des eldorados conquis à force de technologie agricole grâce à un effort renouvelé de l'humanité pour domestiquer encore plus d'espèces végétales utiles à ses besoins. Mais qui seront les nouveaux émirs de ces futurs gisements d'or vert ?

LA CHIMIE MAL-AIMÉE

De part et d'autre de l'Atlantique, l'industrie chimique essaie d'améliorer son image de marque. Cette image est mauvaise, car l'industrie chimique est associée par l'opinion à des affaires de pollution de l'air et de l'eau, de dommages à l'environnement, d'enlaidissement du paysage. C'est ce que confirment les sondages. Pourtant, parmi toutes les branches de la science, la chimie est certainement la plus connue du public, après la médecine. Pourtant, elle fait peur. Cela vient de ses origines : la cornue et l'alambic, l'alchimiste penché sur ses fourneaux, un peu inquiétant, un peu dangereux. A respecter mais à éviter. Si l'on devait former une image caricaturale de la chimie en trois mots on trouverait sûrement : formule, poison, explosion. Le langage paraît incompréhensible et sibyllin : c'est un savoir codé et réservé. Le poison, c'est la puissance secrète et sournoise. L'explosion c'est la force aveugle, difficile à maîtriser, la force qui échappe au contrôle de l'imprudent. Ce sont les contes de fées qui nous suggèrent dès l'enfance cette représentation sommaire. La sorcière bonne ou mauvaise y manipule les philtres, les brouets et les grimoires. Plus tard, la science aride, que l'éducation secondaire cherche maladroitement à inculquer, longue énumération ingrate, enferme encore davantage la chimie dans un ghetto. Pourtant, cette science, mode d'action sur la nature par lequel l'homme la surpasse, a fondé notre civilisation moderne. Nous ne remarquons peut-être pas, par exemple, que nous vivons dans un monde d'objets colorés. La couleur a tout envahi. Nous sommes tellement habitués que nous ne remarquons presque plus l'insolite, le non-naturel de cette bigarrure chatoyante qui nous entoure de nuit comme de jour. La couleur sous toutes ses formes : la page du magazine, l'affiche du métro, l'emballage du cadeau, la voiture rutilante, la robe légère et bariolée, l'écran de cinéma ou de télévision, la photo de vacances, les néons de la nuit, tout cela, bien d'autres choses encore, c'est l'œuvre de la chimie. Discrète, tenace, omniprésente, elle nous tient par le quotidien, si bien que nous ne savons même plus où elle est. Alors, nous ne la voyons plus que dans les cheminées d'usines crasseuses, les relents malodorants, et les huiles lourdes et grasses qui souillent le pavé. La fée s'est cachée, dissoute, la baguette magique est oubliée, il ne reste plus que la sorcière grimaçante, noirâtre et malpropre.

La chimie mérite certainement d'être réhabilitée, d'être mieux comprise et mieux appréciée pour son rôle économique et culturel. Cependant, sa formidable puissance lui impose de redoutables responsabilités, et elle ne sera pas mieux aimée si elle ne fait pas l'effort d'affronter les problèmes que son prodigieux développement pose au futur de l'humanité.

Ces problèmes sont sérieux et ils concernent tout le monde. Car, de même que chacun bénéficie des conquêtes de la chimie, chacun en partage aussi les risques. Les États-Unis, qui sont l'un des pays du monde où les citoyens peuvent le mieux faire comprendre aux autorités leurs préoccupations et exercer des pressions efficaces, ont dû créer presque une dizaine d'organismes publics (fédéraux) pour contrôler l'industrie chimique et sa production. Les plus actifs sont l'Agence pour la Protection de l'Environnement (EPA) et le Département Ministériel pour la Sécurité et la Santé du Travail (OSHA). La redoutable complexité qui résulte de cette floraison bureaucratique déchaîne des batailles homériques avec l'Industrie. Celle-ci prétend que les règlements génèrent des difficultés supplémentaires qui s'ajoutent à la grave crise qu'elle traverse (due pour une bonne part à une capacité de production qui dépasse largement les besoins). Aussi les contestations sont-elles vigoureuses. Par exemple, la Cour Suprême vient, sur plainte de l'Industrie, d'annuler une directive de l'OSHA qui abaissait à une partie par million la concentration de benzène acceptable dans l'air que respirent les travailleurs au lieu des dix tolérés actuellement. Le benzène est un cancérigène connu qui peut, à des doses très minimes mais supportées longtemps, provoquer des leucémies. Le benzène fait partie d'une liste de 102 substances cancérigènes publiées par l'OMS (Organisation mondiale de la Santé) qui comporte beaucoup de produits et de matériaux courants comme l'amiante, le créosote, le tétrachlorure de carbone et de nombreux colorants. L'OSHA vient de publier une nouvelle liste de 107 substances suspectes qui recoupe en partie la liste de l'OMS, et sur laquelle figurent avec le DDT et la saccharine quelques productions de gros tonnages de l'industrie chimique comme l'aniline, l'oxyde d'éthylène, le formaldéhyde et le chloroforme. L'affaire est grave car on soupçonne que 20 % des cancers pourraient peut-être avoir des causes à rechercher dans l'environnement. Le problème de la pollution des eaux est particulièrement aigu, surtout pour la grande industrie minérale (chlore, acide fluorhydrique, oxyde de titane, pigments) qui rejette des effluents contenant des métaux toxiques (antimoine, arsenic, cadmium, chrome, cuivre, plomb, nickel, zinc) en quantités souvent bien supérieures aux normes souhaitables. En fait, on peut discuter beaucoup sur ces normes si bien qu'il est délicat d'établir les niveaux de concentrations toxiques, de comprendre la façon dont les polluants se dispersent dans la nature pour atteindre éventuellement la chaîne alimentaire, de mesurer l'effet de l'exposition à plusieurs substances simultanément, et de choisir les méthodes d'analyse à employer.

Un cas typique est celui du plomb. On sait que l'on attribue au plomb la chute de l'Empire romain, en raison de l'usage d'une vaisselle de plomb par la classe dominante. Victime du saturnisme, elle aurait peu à peu sombré, minée par les maladies mentales et la stérilité. L'exemple devrait nous faire réfléchir car de nouveau le plomb est partout : dans nos batteries, nos soudures, nos boîtes de conserve, nos peintures et, surtout, dans nos moteurs sous forme d'additifs antidétonants pour l'essence, ce qui lui permet de se répandre dans l'atmosphère. Des centaines de milliers de tonnes de plomb peuvent ainsi se redéposer sur les plantes sur le sol, dans les rues, aller aux rivières par l'eau de pluie et de là dans nos verres et notre cuisine. Le plomb s'attaque au système nerveux, il trouble la croissance des enfants, diminue l'intelligence, génère des troubles du langage. On peut se demander si le plomb n'est pas à la source de quelques-unes des difficultés de nos sociétés urbaines. La quantité de plomb que notre organisme doit supporter est aujourd'hui 500 fois plus élevée qu'au début du siècle.

Un autre cas intéressant est celui des produits chlorofluorocarbonés, famille à laquelle appartiennent par exemple les fréons de nos réfrigérateurs. Ces composés ne semblent guère toxiques en eux-mêmes, mais ils ont une redoutable propriété : s'ils atteignent la stratosphère, ils interfèrent avec les réactions chimiques du cycle de formation de l'ozone et provoquent une diminution irréversible de sa concentration. Or, l'ozone nous protège des radiations ultraviolettes du Soleil ; sa perte peut multiplier les cancers de la peau. Malgré l'importance industrielle des fréons, l'EPA propose de limiter, aux États-Unis, la production au niveau actuel et d'interdire l'emploi de ces produits comme propulseurs pour les bombes aérosols. C'est une décision courageuse mais vivement combattue par l'industrie qui vient de former une Ligue pour se défendre. Cependant, un cas semblable pose un problème à l'échelon mondial. En effet, la décision d'un seul pays ne suffit pas, il faut un accord global. Ces accords sont difficiles. L'EPA est justement en train de négocier à Paris avec l'OCDE pour tenter d'établir des critères internationaux définissant la toxicité des produits chimiques. Or, des différences considérables d'appréciation existent, et de plus le manteau du secret couvre la nature de beaucoup de procédés et de fabrications. Ces divergences pourraient un jour se traduire par des restrictions d'importations et fournir des munitions pour une petite guerre économique.

La population des États-Unis a été sensibilisée par des

affaires retentissantes de pollution chimique comme celle de Love Canal, un dépotoir de déchets proche des Chutes du Niagara qui un beau jour, miné par des travaux d'urbanisme et les eaux de ruissellement, a débordé comme une toilette bouchée. Ce dépôt, alimenté entre 1947 et 1953, avait reçu 21 800 tonnes de produits chimiques les plus divers dont 200 tonnes de trichlorophénol, une substance qui contient comme impureté la fameuse dioxine. La population paraît victime de troubles de la transmission nerveuse, les avortements spontanés et les malformations sont au-dessus de la normale. La crainte d'une atteinte au potentiel génétique (qui n'a pas été prouvée) a déclenché une panique hystérique. Ce comportement est fréquent dans les affaires de pollution où il est parfois bien difficile de séparer les effets de l'intoxication des troubles psychosomatiques provoqués par l'anxiété. Notons que la France dispose d'une législation nouvelle sur les dépôts de déchets chimiques dangereux[1].

Ces quelques exemples montrent que l'industrie chimique a intérêt à présenter une image responsable et à affirmer une volonté de coopération avec la population et les pouvoirs publics, car cette industrie touche à tous les aspects de la vie quotidienne. Son activité repose sur la science et ne peut être contrôlée que par elle ; ici Science et Société sont intimement liées. Les cachotteries, les dissimulations doivent être bannies ; à la rigueur, elles sont criminelles. Les problèmes, s'ils existent, doivent être portés sur la place publique. Les experts auxquels la population peut faire confiance pour arbitrer et conseiller au bénéfice de toutes les parties concernées ne manquent pas. Ils peuvent être fournis, par exemple, par les membres des nombreuses sociétés savantes de la Chimie, d'ailleurs

1. Décret n° 77/974 du 19 août 1977 relatif aux informations à fournir au sujet des déchets générateurs de nuisance.

Instruction Technique du 22 janvier 1980 (TIG 80-28) : « Déchets industriels ; mise en décharge. »

Voir aussi Brochures *JO* : n° 1416 (1977) et n° 1456 (1979) et leurs suppléments.

actuellement regroupées. Leurs journaux, leurs revues pourraient servir de forum public permettant mises au point et débats. La presse spécialisée américaine joue largement ce rôle. Nos groupements professionnels de chercheurs, d'ingénieurs, d'universitaires peuvent utilement conseiller la Nation pour peu que les pouvoirs publics les sollicitent. La Science ne pourra rester crédible si elle ne sort pas de son trou et de sa confidentialité pour débattre franchement les questions qu'elle pose aux sociétés modernes. A ce prix seulement l'ignorance et la peur pourront être combattues.

LES PETS DE LA TERRE

Barisal est une ville du delta du Gange proche du golfe du Bengale qui a défrayé la chronique au début du siècle parce qu'on y entendait constamment d'intenses déflagrations en provenance de la mer qui pouvaient faire croire que la flotte entière de Sa Majesté Britannique s'exerçait à des tirs d'artillerie. En fait, l'océan était vide, le mystérieux tonnerre semblait provenir de quelque part dans la zone du canyon sous-marin du Gange à quelque 100 km au large de la côte. C'est aussi l'artillerie anglaise qui passe pour être responsable des « *mistpoeffers* » qui, certains jours gris et brumeux, ébranlent de même la côte flamande. Ces bizarreries font partie des bruits naturels d'explosion que tradition, légendes et observations rapportent en quantité. On appelle ces bruits des brontides du nom de leur variante italienne dans les Apennins. Ces éructations, ou pets de la Terre, rapportés autrefois avec émerveillement par la presse, sont ignorés de nos jours tant nos oreilles blasées ont pris l'habitude d'être cassées par nos machines et les incongruités de nos jets de chasse. Cependant, un célèbre radiophysicien et astronome de l'université Cornell, Thomas Gold, vient de réactualiser ces fantômes auditifs et d'en faire l'espoir de futures richesses, le signe évident d'une manne fabuleuse enfouie sous nos pieds.

Gold prétend tout simplement que d'immenses masses de gaz naturel sont piégées très profondément à l'intérieur de la Terre depuis la formation de la planète. Ce gaz, probablement du méthane sous très haute pression, en s'échappant par quelque fissure, serait à l'origine des bruits naturels d'explosion perçus ici ou là, un peu partout, par nos anciens. En somme, la Terre serait sujette à des fuites de gaz. L'hypothèse s'appuie sur l'abondance relative des hydrocarbures pour les objets du Système solaire, notamment les météorites, et implique que le méthane terrestre peut avoir une origine non biologique. La majorité des théoriciens admet que les combustibles fossiles dans leur ensemble sont dérivés de la biomasse animale et végétale qui seule possède un système efficace pour dissocier en carbone et en oxygène le gaz carbonique initialement présent, pense-t-on, en grande abondance dans l'atmosphère originelle.

Gold suggère que les gisements de pétrole actuels, peut-être d'origine naturelle au départ, se sont considérablement accrus par la capture, suivie de condensation chimique et de polymérisation, de molécules de méthane diffusant lentement vers le haut depuis les réservoirs profonds. Plus le gisement est étendu, plus les chances de capture sont grandes et donc plus le gisement s'accroît : cela expliquerait que 33 champs pétrolifères (dont 25 au Moyen-Orient) contiennent à eux seuls la moitié du brut mondial.

Les détracteurs de Gold, qui sont légion puisque celui-ci ne peut publier un article sur le sujet sans être pris à partie, soutiennent que tout cela est de la fantaisie et que les bruits naturels s'expliquent très bien par des associations avec des tremblements de terre. Par exemple les canons de Barisal se sont manifestés plusieurs années avant et après le grand tremblement de terre d'Assam du 12 juin 1897. On a, en effet, maintes fois signalé des bruits précurseurs pareils au tonnerre, avant les séismes, comme en 1976 en Anatolie orientale. Il semble même que des tremblements de terre très légers peuvent être entendus mais non perçus. Ce fut le cas à Berkeley le 6 avril 1980.

A ces critiques Gold répond que justement les tremblements de terre fournissent au gaz enfoui une occasion unique de s'échapper et que c'est quelquefois son accumulation même qui provoque le mouvement des terrains. Il avance que les énormes vagues du tsunami, raz de marée dévastateur du Pacifique, pourraient être induites par de gigantesques bulles de méthane se formant aux lèvres de craquelures au fond de l'océan. Il cite aussi à l'appui de sa thèse les « volcans de boue » dont les émissions gazeuses contiennent effectivement du méthane et qui sont d'ailleurs fréquemment le siège d'explosions car les gaz combustibles s'enflamment spontanément en raison des étincelles que provoque la présence de poussières chargées d'électricité statique. Mais il y a aussi le bouillonnement des rivières, des lacs ou de la mer observés lors des séismes, les flammes et le comportement des animaux. On sait que ceux-ci peuvent donner l'alerte, comme ce fut le cas en Chine il y a quelques années. Gold prétend que ce n'est pas leur sensibilité auditive, ou leur sagesse qui est en cause, mais bien leur capacité, incontestablement supérieure à celle du genre humain, de détecter l'odeur nauséabonde des hydrocarbures qui s'échapperaient des entrailles de la Terre avant un séisme.

Nous n'avons peut-être du pétrole que pour quelques dizaines d'années, du charbon que pour quelques siècles mais si le méthane de Gold est vraiment sous la croûte terrestre, alors il y en a pour des milliers d'années. La Gulf Oil Corporation a donc, malgré le scepticisme total que rencontre l'hypothèse, décidé de se pencher sur le sujet et a commencé à faire des mesures pour voir si des traces de méthane sont émises le long de la célèbre faille de San Andreas. L'affaire est en cours, mais voici que l'on vient d'annoncer que du méthane est effectivement indiscutablement présent dans les émissions gazeuses associées à des sources chaudes, à 350 °C, dans le fond du Pacifique au sud de la péninsule mexicaine de Basse-Californie, à un endroit où se forme, à partir des couches profondes, le fond marin. S'il semble ainsi établi qu'il y a du méthane d'origine non biologique dans certaines zones de fracture au fond de la mer, et peut-être aussi dans le lac Kivu en Afrique, la question reste ouverte pour les continents. Gulf Oil veut tester le bouclier canadien, une région qui n'est pas recouverte de dépôts sédimentaires, et dont les fissures pourraient permettre la diffusion de l'hypothétique méthane profond. Si ça marche, la nature du problème de nos approvisionnements en énergie sera bien modifiée : il suffira en effet d'établir un pipe-line vertical de 5 à 15 km de long au niveau des lieux d'utilisation. Cela peut poser de gros problèmes techniques mais c'est la perspective d'un bien intéressant et radical bouleversement de nos habitudes économiques, écologiques et géopolitiques...

LA MASSUE DU CRUSTACÉ

L'art de la guerre est un jeu d'attaque et de défense. D'un côté on se protège, de l'autre on cherche à cogner sur l'adversaire. Près du corps la cuirasse, le bouclier, l'acier ou le béton ; sous la main, la pierre, l'épée, la détente ou le bouton-poussoir. L'invention et le perfectionnement des habits et des outils de guerre est l'un des grands plaisirs pervers de l'humanité. Pour répondre aux pulsions profondes de la faim et de la peur, l'homme trouve à l'extérieur de son corps l'essentiel de ses moyens d'actions. D'autres espèces, par contre, sortent de l'œuf armées et cuirassées.

Langoustes, homards et crevettes forment de beaux et bons exemples de chairs corsetées en dur, hérissées d'épines et d'antennes. Nos chevaliers n'étaient pas autrement bardés, et certainement les formes des carapaces animales ont inspiré les plus esthètes des grands couturiers sur fer du Moyen Age. Nous aurions plutôt tendance de nos jours à négliger la forme, encore que la romance de science-fiction puisse laisser penser le contraire, pour nous intéresser à la matière même de ces cuirasses animales. Elles offrent en effet d'intéressants modèles, apportent des solutions ingénieuses à des problèmes pratiques, et réalisent d'astucieux montages qui peuvent inspirer les recherches conduites pour découvrir des matériaux nouveaux.

Une certaine crevette tropicale, un stomatopode, le gonodactyle, d'une envergure d'une dizaine de centimètres, possède un membre qui fonctionne comme une espèce dc marteau, une masse d'arme. Il s'en sert pour briser les coquillages dont il se nourrit, pour assommer des crabes, pour taper sur ses congénères heureusement protégés par un fort bouclier sur la queue, ou pour casser les vitres de son aquarium. Le coup est si violent que l'énergie dépensée correspond à l'impact d'une balle de petit calibre. La crevette en question cogne sur quelque chose toute la journée et pourtant son outil reste bien lisse : il n'est ni marqué, ni abîmé, après plusieurs milliers de ces coups violents sur des corps durs. De la bonne qualité en somme, du solide et du durable.

Des chercheurs anglais[1] ont coupé en tranches les appendices frappeurs et ont fait des analyses détaillées de leur microstructure ; analyses rendues possibles de nos jours par le foisonnement d'appareils nouveaux qui permettent de déterminer la composition chimique des surfaces à une échelle souvent bien inférieure au micron carré. Sur une coupe du marteau, la teneur en phosphore croît par rapport au calcium à mesure que l'on s'approche de l'intérieur vers la surface, et le matériau devient de plus en plus dur, de plus en plus rigide, et par conséquent de plus en plus efficace pour transférer au corps frappé l'énergie accumulée par la contraction musculaire. Cette couche dure est épaisse pour éviter la déformation et donc les risques de cassure. A l'inverse, la zone dure du bouclier de queue est fine et repose sur un matériau mou pour faciliter l'amortissement des coups. L'ensemble combine astucieusement l'enlacement des fibres d'un diamètre de quelques dizaines d'angströms, d'un polymère organique, la chitine, constituant ordinaire des carapaces d'insectes, avec une charge minérale abondante constituée vers l'extérieur de la matraque d'un composé phosphaté, probablement une hydroxyapatite ou un phosphate, et vers l'intérieur de carbonate de calcium. En somme un excellent matériau composite, bien résistant à la compression, du type des céramiques industrielles que l'on utilise de plus en plus pour certaines parties des moteurs automobiles, des

1. *Journal of Materials Science*, *17* 1939 (1982).

lames de turbines et des prothèses dentaires. Cependant, la différence avec nos synthétiques est que le produit naturel, précis et sophistiqué, est fabriqué à basse température, avec des composants tout à fait ordinaires, des cailloux en somme, et non avec de coûteuses curiosités chimiques.

Les chimistes sont de plus en plus fascinés par les étranges réalisations du monde végétal et animal et un grand mouvement de recherche est en cours pour les copier et les adapter à notre usage. Le domaine des *biomatériaux* est devenu la nouvelle frontière de la recherche. C'est une grosse affaire économique aussi, car, par exemple, dans le secteur de la prothèse dentaire en France plus de 70 % des matériaux sont importés et ce sont souvent des alliages de métaux précieux fort chers, qu'il y aurait intérêt à remplacer par des céramiques biocompatibles, du type de celles de la massue du crustacé[1].

Quelques esprits vont plus loin et rêvent de substituer aux coûteux composants électroniques qui meublent nos ordinateurs de délicates molécules organiques capables d'assurer à travers leurs minuscules dimensions les fonctions essentielles du transistor. Cela pourrait donner des « puces » qui pour la même surface contiendraient un million de fois autant de composants qu'avec les matériaux actuels. On rêve même d'implanter ces ordinateurs organiques dans les tissus biologiques et par exemple de leur associer une minuscule caméra de télévision dont les signaux seraient transférés après traitement vers des micro-électrodes reliées à des cellules nerveuses de culture qui pourraient croître ensuite dans le cerveau pour se raccorder aux neurones du cortex visuel.

Pour le moment il n'y a pas encore de transistor moléculaire sérieux, mais on en cherche. En fait cela existe peut-être déjà : il faut les trouver là où ils sont sans doute,

1. Le coût des prothèses dentaires en France, en majeure partie importées, est de l'ordre de 14 milliards de francs.

c'est-à-dire dans les tissus biologiques vivants. L'activité motrice des porteurs, leur capacité à traiter les situations sociales complexes, leur étonnante mémoire conjuguée à l'évidente absence physiologique de silicium ou d'arséniure de gallium laissent bien supposer qu'il y a d'autres solutions chimiques pour exécuter matériellement les fonctions de base de l'algèbre de Boole.

L'ANALYSTE ET LE PAPILLON

Une révolution instrumentale vient de bouleverser la chimie analytique. Il faut maintenant un dictionnaire pour aborder la lecture des articles qui décrivent les recherches avancées dans ce domaine. Ce dictionnaire est un dictionnaire de sigles : XRF, LOES, ESCA, SIMS, LEED, STEM[1], etc. On peut ainsi en aligner plus de trois cents. Ce que désignent ces groupes de lettres, initiales de mots anglais, ce sont de nouvelles méthodes très performantes pour l'analyse de la composition chimique et structurale des matériaux à une échelle très petite, parfois quelques dizaines d'angströms[2]. Cette floraison de techniques est due à l'application à la micro-analyse de quelques inventions de base effectuées dans les décennies précédentes. Par exemple, la technologie des semi-conducteurs a envahi tous les aspects de l'instrumentation analytique : elle fournit des appareils de mesure et facilite les contrôles électroniques. Les ordinateurs et les microprocesseurs, les systèmes de traitement de données ont changé les conditions de manipulation des résultats. La technologie des vides poussés a fait d'énormes progrès et a permis la réalisation pratique d'expériences complexes. Le laser, qui est vieux de vingt ans, est devenu un instrument de laboratoire courant.

Ces nouvelles méthodes ne résultent donc pas de découvertes nouvelles mais de l'exploitation de phé-

---

1. XRF : X-Ray Fluorescence Analysis ; LOES : Laser Optical Emission Spectrocopy ; ESCA : Electron Spectroscopy for Chemical Analysis ; SIMS : Secondary Ion Mass Spectrometry ; LEED : Low Energy Electron Diffraction ; STEM : Scanning Transmission Electron Microscope.

2. 1 angström = 10^{-10}m.

nomènes bien connus rendue possible par l'existence de nouvelles technologies. Elles reposent toutes sur le bombardement d'un échantillon de très petit volume par des particules (électrons, ions) ou des radiations électromagnétiques (photons, des ondes radio aux rayons X). Sous l'impact, les atomes émettent un signal spécifique qui est par exemple un photon, ou bien encore le matériau absorbe, dévie, diffuse, diffracte le faisceau de particules. Ces réponses sont caractéristiques de la nature des éléments présents, quelquefois même de leur liaison chimique. Elles peuvent être quantitatives.

Ainsi un seuil nouveau est passé dans notre capacité de connaissance de la matière : les microstructures deviennent accessibles. Le point est important car ce sont les variations chimiques ou structurales locales qui sont, bien souvent, dans un matériau, la source des propriétés intéressantes et exploitables. C'est le cas des semi-conducteurs et celui des matériaux fluorescents utilisés, par exemple, pour produire l'effet laser dans l'état solide. Un élément actif en petite quantité y est dispersé dans une masse inactive. On appelle cela un *dopage*. C'est cette minorité qui fera le travail utile. (En cela on voit bien qu'il y a quelques ressemblances entre les sociétés humaines et les sociétés d'atomes.) Pour comprendre les phénomènes et améliorer leur exploitation il est devenu nécessaire de connaître les matériaux à très petite échelle, 1 000 Å ou moins, étant donné que des structures d'une taille de l'ordre de 20 Å peuvent être responsables des propriétés macroscopiques. Cela est d'autant plus important que la micro-électronique se développe et qu'une véritable course est engagée par les industriels pour la fabrication de microcircuits, futurs composants de nos futurs micro-ordinateurs, réalisés avec des parties métalliques conductrices de moins de 3 microns de large[1], et peut-être bientôt de moins de 0,5 micron. Déjà, ils contiennent sur une seule « puce » de quelques millimètres carrés plus de 70 000 composants.

1. 1 micron = 10 000 angströms.

Pour résoudre les problèmes de recherche fondamentale posés par cette course à la miniaturisation, les États-Unis ont créé, auprès de leurs universités, plusieurs laboratoires disposant de tous les nouveaux appareils perfectionnés, en particulier des microscopes électroniques capables d'imager les structures avec un pouvoir séparateur de l'ordre de 2 Å, c'est-à-dire plus faible que les distances habituelles entre atomes, et d'identifier la nature chimique des éléments présents avec une résolution de l'ordre de 20 Å. L'Europe, qui ne fait pas beaucoup de recherche fondamentale dans ce domaine, essaie de suivre péniblement les États-Unis, bien que plusieurs des instruments analytiques de haute performance en question soient d'origine européenne, comme par exemple les nouvelles générations de la microsonde inventée, il y a trente ans, par le Pr Castaing.

La quantité de matière que peuvent déceler les appareils de notre nouveau zoo d'instruments de mesure se situe au niveau de 10^{-18} g. Pour fixer les idées, un atome de carbone pèse 2.10^{-23} g. On espère dans le proche futur observer quelques milliers d'atomes, soit des masses de l'ordre de 10^{-20} g, mais déjà on a réalisé des expériences où des atomes lourds individuels (platine, bismuth, uranium) ont été identifiés. De telles sensibilités peuvent paraître de remarquables performances, en fait elles sont encore grossières par rapport à quelques réalisations de l'univers biologique dans le domaine de l'analyse chimique. A commencer par notre propre sens olfactif qui repère 10^{-18} g facilement.

Dans le monde animal, les performances sont bien plus remarquables. Les attractants sexuels (phérormones) se détectent couramment sur la base de 10^{-20} g, peut-être moins, car en effet on a observé des cas étonnants. Par exemple le lépidoptère *Antherae polyphemus* reconnaît la présence de sa femelle à une distance de 11 km grâce à ses antennes, très développées, qui décèlent dans l'air quelques molécules d'un acétate de dodécényle contenant 12 atomes de carbone. L'anguille peut détecter la présence dans sa cavité nasale de 3 molécules d'un alcool phényléthylique, c'est-à-dire une concentration correspondant à la dilution de 1 cm^3 dans un volume d'eau égal à 58 fois celui du lac de Constance. Les insectes ne reconnaissent pas seulement une substance chimique de composition donnée mais encore font la distinction entre plusieurs isomères, c'est-à-dire des molécules de même formule mais de géométries différentes.

Le sens olfactif opère en effet une analyse chimique de l'environnement. Les tissus récepteurs se comportent comme des tamis moléculaires et permettent des réponses spécifiques pour des quantités extrêmement faibles d'excitants. Chez les insectes ce sont les antennes qui sont réceptrices. Elles ont parfois des formes extraordinaires, en plumes, par exemple, pour être balayées par l'air ambiant. Elles peuvent porter plusieurs milliers de systèmes récepteurs, et être sensibles à une seule molécule de phérormone comme dans le cas du *Bombyx Mori*, le papillon du ver à soie.

L'examen des antennes montre qu'elles contiennent des structures tubulaires d'un diamètre de 100 Å et d'une épaisseur de 30 Å, qui piègent les molécules contenues dans l'air. Ces détecteurs électrochimiques naturels sont plus performants que nos chromatographes. Ils démontrent que l'on peut produire et traiter des signaux porteurs d'information spécifique à l'échelle des édifices moléculaires. Ce sont des modèles pour notre futur. Sans nul doute, l'homme réussira un jour à reproduire artificiellement ces merveilles et à en étendre le champ d'application car, nouvelle « frontière » pour nos conquêtes, le monde atomique et moléculaire s'étend devant nous, et il faut le domestiquer. Nos machines sont encore rustiques, nos ordinateurs de lourdes galoches. Maintenant que l'instrumentation nous fait voir directement ce monde atomique, la technologie peut jouer sur ce nouveau clavier pour se libérer du poids, pour diminuer sa consommation d'énergie, pour se préparer à copier physiquement ces modèles de précision, d'économie et d'encombrement que sont dans le milieu vivant les organes des sens, instruments de connaissance naturels.

RUINES RADIOACTIVES

L'utilisation de l'énergie nucléaire pour la production d'électricité à l'échelle industrielle est récente. Depuis 1970 la France s'est lancée dans un ambitieux programme de construction de centrales. Abandonnant la filière indigène graphite-gaz à uranium naturel, elle a choisi une technique dérivée de procédés américains qui fonctionne avec de l'eau sous pression et de l'uranium enrichi à 3 % en uranium 235. Ce programme a connu une brusque accélération après la crise pétrolière de 1973. Les centrales américaines les plus anciennes ont vingt-quatre ans et déjà on se préoccupe de leur mise hors service. On pense en effet que leur durée de vie est de l'ordre d'une trentaine d'années. Or, les problèmes que pose la mise au rebut de ces colossaux monuments d'architecture industrielle ne sont pas simples.

Au centre d'une centrale nucléaire on trouve la cuve du réacteur en acier qui renferme le cœur : le combustible et ses systèmes de contrôle. La chaleur provenant de la fusion des noyaux d'uranium est absorbée par l'eau pressurisée d'un circuit primaire (345 °C, 155 bars) et sert, par l'intermédiaire d'un échangeur, à faire bouillir l'eau d'un circuit secondaire pour actionner la turbine et l'alternateur qui fournit l'électricité. Tout ce qui est près du cœur, surtout après un long temps de fonctionnement, est très radioactif. La question est de savoir comment se débarrasser de ces parties « chaudes ».

On pensait jusqu'à présent qu'il suffisait de noyer le réacteur dans une bonne chape de béton, moderne pyramide tombale, pour y laisser durant soixante-dix ans décroître tranquillement la radioactivité. On vient de déchanter. En effet, ce n'est pas seulement le cobalt 60, dont la durée de vie est de 5,27 ans qui serait la cause principale des radiations résiduelles dangereuses. Des étudiants tout à fait modestes, préparant un banal diplôme universitaire, ont montré que deux autres constituants mineurs des aciers, le nickel 59 dont la durée de vie est de 80 000 ans, et surtout le niobium 94, dont la durée de vie est de 20 000 ans, mais qui émet des rayons gamma très énergétiques, dominent l'émission radioactive, après la disparition du cobalt, à un niveau qui reste beaucoup trop dangereux, et qui impose que la pyramide de béton puisse tenir le coup quelques milliers d'années. Ce qui fait que notre époque moderne a potentiellement, pour le futur, de bien curieuses perspectives archéologiques monumentales.

Il est donc maintenant question de démanteler les réacteurs nucléaires dès leur mise à la poubelle. C'est une opération qui peut coûter très cher : les Américains l'estiment à 100 millions de dollars pour un réacteur de 1 200 mégawatts, ce qui représente, en fait, moins de 10 % du prix de la construction. Ensuite il y a la délicate question du stockage des résidus (probablement dans les structures géologiques profondes). Cela promet de belles batailles écologiques à l'horizon des années 2 000.

Encore faut-il que le problème ne se pose pas plus tôt que prévu. Dans un numéro de *Nature* de mars 1982 qui contient une étude consacrée à la Science en France, les Anglais se permettent quelques remarques discrètes, mais perfides, sur la fiabilité des réacteurs français conçus par Framatome. Ils prétendent que des problèmes de corrosion apparaîtront au niveau des échangeurs entre circuits primaire et secondaire dans les quatre à cinq ans à venir, en raison du manque de maîtrise des problèmes posés par la chimie des eaux radioactives. On sait que la corrosion est le problème principal des réacteurs à eau pressurisée. De plus il y a un autre pépin potentiel : la fragilisation des aciers, et particulièrement des soudures, sous l'effet du bombardement neutronique ; et ils en veulent pour preuve l'arrêt du réacteur de Gravelines en janvier 1982 à la suite de la chute dans le circuit primaire d'un morceau d'une broche de centrage de la plaque qui supporte le combustible. De même, la rupture d'une pièce en alliage d'aluminium, destinée à réguler le flot de l'eau dans le circuit primaire, a immobilisé quelques mois la pile à haut flux de l'Institut Laue-Langevin à Grenoble, interrompant de nombreux programmes de recherche. Cette fois, c'est la fatigue mécanique après dix ans de service qui est en cause.

Ces difficultés ne sont pas spécifiques aux réacteurs français : les Américains connaissent les mêmes avatars. Il est parfois difficile de remplacer des pièces défectueuses irradiées mais c'est souvent possible. Le problème réel est le risque d'accident. La fragilité sous irradiation des soudures, due à des impuretés, peut conduire à des ruptures soudaines si la cuve du réacteur est soumise à des changements brutaux de température ou de pression, c'est-à-dire si les opérateurs dans les salles de contrôle n'opèrent pas avec doigté (d'après les archives américaines, cela semble être assez souvent le cas).

La rupture de la cuve conduirait sans doute à l'accident nucléaire majeur : la fusion du cœur d'oxyde d'uranium porté à plus de 2 000 °C. Cette masse est susceptible de réagir avec l'eau, ou même avec le béton, pour donner des réactions explosives classiques très brisantes dont l'effet serait de projeter dans l'environnement des matériaux terriblement radioactifs. Sans aller jusque-là, un accident mineur peut conduire à des difficultés considérables en dégradant partiellement le cœur. Dans le cas de la centrale de Three Mile Island, le générateur de vapeur s'est trouvé à sec, le circuit primaire surchauffé s'est rompu. L'affolement des opérateurs a aggravé les choses, la température du cœur a monté, et à partir de 1 100 °C le Zirconium qui enrobe l'uranium a commencé à réagir avec l'eau pour produire de l'hydrogène, dont les bulles auraient pu bloquer la circulation des eaux de refroidissement si la pression avait été abaissée. De plus des explosions ont eu lieu lorsque l'hydrogène s'est dégagé dans l'enceinte de confinement. Depuis l'accident de Three Mile Island (25 mars 1979), six accidents se sont produits dans des centrales américaines. Le dernier[1] survenu le 25 janvier 1982 à Rochester, provoqué par la corrosion de tuyaux du circuit primaire, aurait pu conduire exactement à la même situation catastrophique mais cette fois les opérateurs ont effectué avec promptitude et sang-froid les bonnes manœuvres.

Les problèmes que posent les centrales nucléaires à mesure qu'elles vieillissent sont donc techniques : corrosion, fragilisation des matériaux sous irradiation, mais aussi humains. Il faut s'assurer que la conduite des opérations est faite sans à-coups inutiles, susceptibles de conduire à des chocs thermiques, ce qui peut remettre en cause le souhait d'EDF que les centrales modulent d'environ 10 % leur production pour répondre aux à-coups de la demande. Il faut aussi résoudre un grand nombre de problèmes de recherche fondamentale dans le secteur des matériaux.

Le « nucléaire » ne doit pas pour autant faire peur, mais pour qu'il remplisse avec sécurité sa nécessaire mission productrice d'énergie il serait souhaitable que les problèmes techniques et humains soient clairement énoncés, avoués et débattus devant la communauté nationale. Aujourd'hui dans la brillante réussite de sa jeunesse[2], la technologie nucléaire à eau pressurisée n'a pas encore affronté la dure épreuve du temps. Espérons que cette jeune fille de douze ans vieillira sans rides et sans larmes.

1. Ce texte, écrit en 1982, ne tient pas compte de l'accident survenu en mai 1986 à la centrale de Tchernobyl en URSS.

2. Pour des renseignements sur les réacteurs à eau pressurisée, on pourra consulter la brochure d'EDF, Direction de l'Équipement, « Images d'une centrale nucléaire », rédigée par Michel Durr (1981).

LES FRUSTRÉS DE L'APOCALYPSE

La mode est aux jeux de stratégie : on peut refaire la bataille d'Eylau ou celle de Magenta entre amis. Quelques normaliens de la rue d'Ulm passent des heures délicieuses à jouer à « Donjons et Dragons ». Ils ne font qu'imiter en cela les gamins de New York qui compulsent avec passion les nombreux et impressionnants volumes qui détaillent les règles infiniment complexes de ce jeu. On est obligé de plier sa fantaisie à ces règles. De même, nos militaires pour leurs graves jeux de simulation des conflits armés ont des règles bien établies qui reposent sur l'état des forces, la rapidité des communications et l'efficacité des armements. Quel que soit le jeu, les joueurs n'aiment pas les tricheurs : ils n'aiment pas qu'on transgresse les règles, surtout lorsqu'ils pensent avoir tout prévu. Malheureusement il arrive qu'à force de trop s'intéresser à la paille on oublie la poutre. Ainsi, depuis quelque temps, les militaires sont frustrés : les règles du beau jeu de la guerre atomique ont volé en éclats : la Nature a balayé l'échiquier, les pions sont renversés, tout est à refaire.

Cela a commencé discrètement il y a bien longtemps, le 8 juillet 1962, lorsque les États-Unis ont effectué l'un de leurs derniers essais dans l'atmosphère avant le traité d'interdiction de 1963. Ils ont fait exploser une modeste bombe à hydrogène de 1,4 mégatonne à 450 km au-dessus de l'île Johnson dans le Pacifique. A 1 500 km de là, Hawaï fut subitement victime d'une gigantesque panne de courant. La relation entre les deux événements a été comprise vers la fin de 1963 par quelques penseurs de la Rand Corporation, mais a mis du temps à faire son chemin dans les esprits. En effet, il apparaît qu'une explosion atomique au-dessus de l'atmosphère génère en direction de la Terre de puissants rayons gamma qui viennent frapper les molécules dans l'air, provoquant la naissance d'électrons que le champ magnétique terrestre canalise. Le résultat est une formidable onde de choc électromagnétique de très haute tension qui balaie la surface terrestre sur des milliers de kilomètres. Comme cette onde est captée par les objets métalliques et ceci d'autant mieux qu'ils sont plus étendus, les réseaux de distribution électriques sautent et aussi la toile d'araignée des réseaux de communication téléphoniques ou radio ainsi que les circuits des beaux ordinateurs. Les protections sont inefficaces car le potentiel au passage de l'onde monte à plus de 50 000 volts en une dizaine de nanosecondes.

Au début on ne s'est aperçu de rien car les objets électroniques exposés lors des essais nucléaires n'étaient que de vieilles casseroles à lampes. Or celles-ci supportent très bien le choc, mais pas notre superbe nouvelle technologie à transistors qui s'écroule totalement. Par les temps qui courent une petite explosion atomique à 400 km au-dessus du Nebraska, une charge placée par exemple à bord d'un satellite, suffirait pour interrompre la marche de tous les systèmes électriques et électroniques modernes sur l'ensemble des États-Unis, et rendre instantanément muets tous les réseaux de communication par câbles électriques ou hertziens, y compris ceux des militaires. Bien pire, le phénomène n'épargnerait pas la majorité des avions en vol, y compris ceux du Strategic Air Command, et même trois des quatre Boeing 747 stratégiques, transformés en postes de commandement, du président des États-Unis, dont les 11 500 circuits électroniques essentiels seraient détruits par l'onde de choc électrique d'une explosion nucléaire se produisant juste en dehors de l'atmosphère à des milliers de kilomètres de là !

En somme c'est le chaos, créé par une explosion nucléaire qui s'attaque exclusivement au matériel et non comme la bombe à neutrons exclusivement au personnel. On imagine la tempête sous les crânes des stratèges, d'autant plus que les Russes semblent avoir pris conscience du problème depuis assez longtemps, peut-être même avant 1963. En tout cas, l'un de leurs avions de combat les plus sophistiqués, posé au Japon en 1976 par un déserteur, était équipé de systèmes électroniques à lampes malgré la technologie généralement avancée du reste. A l'époque le Pentagone avait raillé le retard russe dans le domaine des semi-conducteurs...

Naturellement on cherche des réponses techniques et pour cela le Pentagone réclame 7 milliards de dollars. D'un côté, on ressuscite la technologie des années 50, de l'autre on se penche sur les transmissions par fibres optiques qui, elles, ne craignent rien[1].

Comme un malheur n'arrive jamais seul, voilà, que le 18 mai 1980, le Mont Saint Helens entre en éruption. Trois heures après, un jet DC9 commercial qui passait par là pénètre pour quatre minutes dans le nuage de poussière : ses moteurs sont gravement endommagés et il se pose de justesse. Le 25 mai, un Lockheed L100 de la marine a moins de chance et deux de ses moteurs prennent feu. Les militaires venaient de découvrir que les moteurs des jets modernes sont détruits en quelques minutes au contact du nuage de poussière chaude et abrasive du volcan[2]. Or, ce nuage est sensiblement analogue à celui que provoquerait une explosion atomique au sol (le fameux « champignon »). Là encore, ce sont les moteurs les plus modernes qui sont les plus sensibles, comme ceux bien connus du Boeing 747, alors que les avions à hélice, eux, supportent assez bien l'épreuve. Du coup, le Président veut renoncer à ses quatre postes de commandement stratégiques aériens, et souhaite plutôt, paraît-il, rouler sans fin sur les autoroutes américaines à bord d'un semi-remorque commercial camouflé.

On savait depuis longtemps que le grain de sable pouvait

1. Les lecteurs intéressés pourront consulter les numéros de la revue américaine *Science* des 29 mai, 5 juin, 12 juin, 21 août et 2 septembre 1981 et aussi la note de *La Recherche*, n° 125, septembre 1981, p. 917.
2. *Science*, 25 septembre 1981.

faire dérailler les meilleurs plans, voilà maintenant qu'il semble directement incompatible avec certaines mécaniques des technologies aéronautiques avancées. On l'avait d'ailleurs clairement vu en Iran lors de l'opération héliportée à l'occasion de l'affaire des otages de l'ambassade américaine lorsque Allah fit se lever un vent fâcheux dans un désert sableux.

La conclusion n'est pas très rose. Les règles du Grand Jeu de l'Apocalypse étant balayées, il convient d'en établir d'autres ; pour cela, il faut des données nouvelles et donc faire des essais. En conséquence, on entend quelquefois parler de guerres nucléaires locales, et de préférence dans des lieux moins déserts que les étendues bleues du Pacifique. Il serait en effet passionnant de savoir si réellement cette onde électromagnétique et cette poussière sont si perturbantes qu'on le prétend, surtout depuis que les états-majors se sont employés à « durcir » le matériel électronique militaire. Un terrain modestement équipé, mais assez moderne quand même, serait idéal. Il me semble avoir entendu parler récemment par exemple de zones « désertiques » du côté de la Baltique. Attendons et espérons.

L'ÉLECTRON OU L'ÉTERNEL AU QUOTIDIEN

Pas facile de faire raconter son quotidien à un truc qui file des étoiles à la chasse d'eau avec escale dans les cervelles. Je l'ai coincé d'une manière tout à fait classique, grâce à mon chiffon de pull noir troué de mythes, et à l'art de mon cochon de stylo plastique. La vergétude escribouillante branlée d'une invagination manuelle du pull laineux l'a capturé d'un vieux poil cardé de mouton écossais et éjaculé délicatement sur un petit bout de papier blanc. C'est le seul moyen de garder pour un temps prisonnier cette charge négative errante, ce prolétaire mobile de la matière, l'électron. Piégé à la surface de la trame de cellulose, tissu mort, écrasé et blanchi de forêts triturées, il est là. Recommencez sur une autre petite déchirure. Rapprochez les deux papiers avec un bout d'allumette, vous verrez qu'ils se repoussent l'un l'autre à distance sans se toucher. C'est un truc de physique amusante déjà connu des vieux antiques qui utilisaient pour ce jeu le plastique de l'époque, une résine fossile : l'ambre (electrum). D'où le nom.

Entre la foudre, décharge furieuse de Zeus en colère, et les morceaux de végétal mort, ou les plumes, collés à l'ambre, apparemment rien de commun, pas de rapport. Les anciens ont totalement ignoré l'électricité. Cela prouve, entre parenthèses, que la structure de la matière et sa vie interne sont totalement imperceptibles à nos sens. C'est l'imagination, l'astuce, la folie bricoleuse, le goût des jeux et des machines qui font basculer la perception. C'est seulement le 10 mai 1752, à Marly, que fut faite la liaison historique entre la foudre et la drôle de physiquc un peu érotique de l'attraction électrique, alors passion mondaine, propre à faire tressaillir les belles, fabriquer d'étincelants baisers, griller les dindons, cramer les diamants et choquer d'un coup, sous les yeux du Roi, les 240 hommes d'une compagnie de gardes françaises. On connaît la suite : les mesures, les expériences, les gens sérieux, les formules, les grenouilles de Galvani, la pile de Volta, la machine de Gramme, le sorcier de Menlo Park (Edison). Après la fureur des spasmes incontrôlés des sources naturelles, c'était la production artificielle, calme, continue, maîtrisée. L'électron, après la poule, la vache, le porc, le chien, le cheval, le chat, était domestiqué, forcé de se couler dans le moule de nos plaisirs, de nos rages et de nos appétits. Esclave docile dont le maître aujourd'hui ne peut plus se passer. Si l'électricité disparaît, alors : Ravage !

L'électron sur mon bout de papier a sans doute à peu près 15 milliards d'années, peut-être un peu plus. L'Univers n'existait que depuis une seconde, il était déjà là. Une seconde avant que tout ne se rassemble de nouveau dans la tête d'épingle primitive, il sera encore là. Longue est sa journée ordinaire. Il est sur Terre depuis 4 600 millions d'années. Il est petit, il en faut un milliard de milliards de milliards pour faire un gramme. Divisez le centimètre par un milliard de milliards pour trouver sa taille. Il est 10 000 fois plus petit que son frère le proton. Le proton, c'est l'un des constituants du noyau de l'atome. Il est chargé d'électricité positive. Ces protons capturent les électrons pour former les atomes. Si l'électron mesurait 1 m, le noyau mesurerait 10 km, et l'électron tournerait autour de ce noyau à la distance respectable de 1 million de km. Toutes proportions gardées, la Lune est plus près de la Terre (400 000 km) ! Les électricités de signes opposés s'attirent, comme les masses, en raison inverse du carré de l'éloignement. Dans un atome un peu évolué, il y a plus d'un électron. Leur charge de même nature les fait se repousser entre eux. Cette force de répulsion est 4 170 000 000 000 000 000 000 000 000 000 000 000 000 000 de fois plus forte que l'attraction de la pesanteur. Ce chiffre colossal est aussi le rapport entre le diamètre de l'Univers et celui du proton. Comprenne qui pourra. En tout cas, le commerce que l'humanité entretient depuis peu avec l'atome lui a donné le vertige des grands nombres, le goût des chiffres, il ne faut pas chercher ailleurs la cause psychologique des brouillards inflationnels de l'économie.

L'électron est un voyageur solitaire, jamais en repos, du vide. Pour nous, la matière sous nos doigts, c'est le plein, le dur, le souple, le soyeux, la courbe du corps ou le froid de l'acier. Pour lui, la matière c'est le trou, lieu de l'errance ; il est le prisonnier elliptique vibrant sur des orbites incertaines, sautant à l'occasion d'un attracteur positif perdu dans les lointains à un autre tout aussi distant. Le monde protoneutronique qui le capte et le dirige est pour lui tout aussi mystérieux et étranger que pour nous les rages thermonucléaires du Soleil qui nous caresse l'échine sur la plage, ou les autres soleils lointains qui étoilent nos nuits noctambules. Ce qui nous rapproche de l'électron, finalement, c'est un facteur d'échelle. C'est, dans la matière, le frère de l'humanité. Comme nous, il n'a guère affaire à rien d'autre qu'à ses semblables, concurrents pour les places. Éternellement piégé dans des couches atomiques profondes s'il est trop près de l'astre-guide, libre de changer constamment de maître s'il est marginal, périphérique. Cet électron marginal, l'électron de liaison, nous le connaissons bien, c'est lui qui travaille dans la chimie : on en bouffe trois fois par jour, il est au four et au moulin, du sucre à la bile et à la merde. Il nous court dedans à travers la ribambelle ordonnée de nos soleils atomiques, tirant notre machine moléculaire d'un côté ou de l'autre à travers les partitions infinies, les redistributions harmoniques de la musique des sphères électriques. Nous ne sommes qu'un sac de noyaux et d'électrons, un arrangement provisoire, un peu plus tordu, un peu plus souple, que le caillou cristallisé dans l'immobilité de son réseau fixe. Ce sont nos soleils qui diffèrent, la géométrie de nos soleils, leur nature, le nombre magique de leurs protons : l'unique de l'hydrogène, les six du carbone, les sept de l'azote, les huit de l'oxygène, les seize du soufre. Le reste des atomes de la création est surtout dans les rocs, encore que dans nos corps se baladent d'essentiels soleils lourds, maîtres de nombreux électrons, comme le fer.

Prenons neuf soleils : huit carbones, un azote. Disposons-les dans l'espace sous la forme d'un anneau hexagonal de six carbones, accrochons les trois autres noyaux sur le côté pour former une sorte d'écusson pentagonal, avec l'azote sur la pointe du bas, qui pend comme un sexe ; ajoutons une pincée de noyaux d'hydrogène et laissons l'électron faire son travail ordinaire : équilibrer les charges en s'échinant à courir partout d'un noyau à l'autre dans la danse oscillante effrénée rêvée par le chimiste allemand Kékulé en 1857 par un beau dimanche d'été sur l'impériale d'un omnibus à Londres. Plaçons à l'extérieur du sommet de l'hexagone de carbone, du côté opposé à celui où, sur le cycle pentagonal, se trouve l'atome d'azote, un dixième atome, un noyau d'oxygène. Voilà : vous avez l'esprit, le rêve, la folie, la brutalité de l'image qui éclabousse l'œil, le jamais-vu, le jamais-vécu, le deviné, l'ailleurs, l'impossible. L'électron fait son travail ordinaire mais dans votre tête. Il roule à travers le noyau indolique de la psilocybine ou du LSD : il est partie de quelque chose qui sécrète la pensée.

Il coule aussi dans les métaux, il y forme la société communiste totale, la prolétarisation intégrale ; ce n'est plus la belle maison particulière, noble, de l'indole. L'arrangement rigoureux des noyaux lourds en files immobiles a complètement collectivisé les électrons périphériques en une mer mouvante sautante d'un point à un autre comme une terre défilant entre des rangs infinis de soleils immobiles. Là, c'est le boulot inventé pour lui par l'homme avec l'usine. Un truc nouveau, pas naturel, sinon dans les profondeurs fluides de la planète, ou dans les soupes indistinctes et éclatées de la chair des étoiles. Ajoutez des électrons à un bout d'un morceau de métal, ils vont pousser ceux qui sont dedans, les obliger à sortir à l'autre bout, et à travailler. Réduisez le passage, c'est la bousculade, la ruée, on s'énerve sous la résistance, on s'échauffe, tout bouge. De cette contrainte jaillit la radiation thermique ou la lumière. Abaissez le bouton, branchez la prise, ils sont là, ils se poussent, ils se gênent, ils s'écrabouillent, cramoisis dans la lampe, gymnastiquant sans fin dans les arcanes des transistors et de « l'électronique », sautant comme des coureurs de haies les barrières isolantes. On a inventé en même temps la folie maladive du sport sur nos stades et le labyrinthe des circuits imprimés où se cogne la particule. Ça remplit nos yeux et nos oreilles d'information. Comme un déluge où jamais on ne se rattrape soi-même. Car c'est un flot, et nos outils forgent nos têtes.

Le métal c'est l'électron fluide en rivière, son état d'eau libre, son voyage de la machine au fil, de l'appareil au retour à la terre. Le bref et brutal saut entre deux états liés. C'est la circulation de l'électron qui fait nos villes et il se presse en effet dans les conducteurs comme la foule dans nos rues. Au macrocosme artificiel de l'entassement urbain, à l'encombrement aux feux rouges, aux frustrations et aux fêtes, aux spectacles, correspond le parallèle microcosmique de la particule élémentaire haletante, accélérée, canalisée, déviée, dans son univers rectiligne de cristaux métalliques, créatrice de lumière, pulsante au rythme de nos avatars quotidiens, jaillissante à l'appel machinal du bouton enfoncé, du clavier pianoté, du besoin d'images. Comme un chien fidèle.

On peut pousser l'analogie facile de l'homme et de l'électron. On peut imaginer par exemple que les photons colorés crachés par l'électron lorsqu'il change d'orbite sont comme les fleurs immatérielles de notre pensée. Mais nous n'existons pas dans le même univers. Ne pas confondre. Vous êtes devant votre miroir. Faites un cercle complet, votre image devant vous se reforme. Votre analogue électron, le prolétaire du fil électrique, lui, devra tourner deux fois sur lui-même pour se revoir, identique dans le miroir. De même, ne cherchez pas à connaître à la fois sa position et sa vitesse : impossible ! On appelle ça le principe d'incertitude. Les philosophes ont grandement disserté là-dessus. Mais à tort. C'est simple, faites une action A, puis une action B, ça donne l'action C. Faites d'abord B, puis A, vous n'êtes pas sûr d'avoir C, peut-être le résultat sera une autre action, D : expérience courante de la vie intellectuelle. C'est ce qui arrive pour l'électron si on mesure la vitesse avant la position : on n'obtient pas le même résultat si on fait le contraire. Loi naturelle. C'est la mathématique de la physique des quanta. Totalement indéterministe. Et elle est sûre, confirmée : un physicien français nommé Aspect et ses collègues viennent d'enterrer les douteurs, au premier rang desquels le respectable fantôme d'Albert Einstein. Pas de devenir assuré, pas de certitudes, seulement une probabilité d'être. Une probabilité non nulle d'être un rêve par exemple.

Un physicien américain nommé « Rouleur » (Wheeler) prétend même qu'il n'y a dans tout l'Univers qu'un seul électron ; c'est une explication élégante car ils ont tous la même masse, la même charge et la physique des quanta montre qu'ils sont indiscernables. Imaginons l'espace-temps, abscisse : espace ; ordonnée : temps ; plaçons sur la feuille un fil tortueux replié sur lui-même, formant des anneaux dans tous les sens. A temps donné traçons la droite parallèle à l'espace, elle coupe le fil tortueux en de nombreux endroits. Le fil, c'est l'électron unique. Si la droite le coupe à un point où il monte dans le temps, vers le futur, c'est l'une de ses manifestations sous forme d'électron négatif particulier, si la ligne descend, vers le passé, c'est sa parèdre, l'électron positif (un électron qui remonte le temps) ; plusieurs points de coupe forment plusieurs états simultanés de la même chose, au même temps, à travers l'espace. L'électron de mon papier là-bas frémit dans une autre galaxie. Peut-être le nombre de points de coupe est-il le même que le nombre des électrons et des positons dans l'Univers. Ainsi la journée ordinaire de l'Univers, la vôtre, la mienne, celle du chien qui passe, de la poussière de la Lune, n'est-elle peut-être que la journée ordinaire du même être, inscrite dans l'arabesque folle d'une ligne tortueuse ouverte à tous les retournements de la fantaisie, déroulant ses festons dans un vide appuyé sur le néant, le Serpent cosmique, en somme.

L'OISEAU-JARDINIER

En janvier 1981, un naturaliste déposé par hélicoptère explorait les pentes des monts Foja dans l'Ouest indonésien de la Nouvelle-Guinée. Le terrain est couvert d'une riche forêt d'araucarias et de chênes envahie par les mousses et les fougères géantes. C'est un vrai désert, l'une des rares régions de la planète que l'homme n'a jamais habitée. On pouvait même penser que l'homme n'avait jamais parcouru ces montagnes tropicales. Notre naturaliste dut déchanter en percevant dans les branchages une lumineuse crinière orange, secouée au-dessus d'yeux sombres, d'un bec noir, d'une poitrine brune et d'un ventre ocré. Cette apparition éblouissante donnait un corps à trois mystérieuses peaux d'oiseau à crête de feu vendues à Lord Rothschild en 1895 par un trafiquant de plumes et conservées au musée de Tring, une filiale du British Museum située à quelques dizaines de kilomètres au nord de Londres. A la fin du siècle dernier, et jusque vers 1920, les besoins de l'extravagance mondaine européenne alimentaient un vaste trafic de peaux d'oiseaux dont les marchands gardaient jalousement le secret de l'origine géographique, si bien que beaucoup d'oiseaux de paradis et familles apparentées ne furent décrits que d'après les peaux avant que l'ouverture de la région dans les années 30 ne permette les observations sur place. Mais *Amblyornis Flavifrons*, l'oiseau noir au plumet doré, restait perdu. Cet *Amblyornis* appartient à la famille des oiseaux-jardiniers qui compte dix-huit espèces réparties en Nouvelle-Guinée et dans les parties reculées de l'Australie. C'est probablement le genre d'oiseau le plus bizarre de la planète.

En effet cet animal est un artiste et un architecte. A tel point que les premiers explorateurs de la Nouvelle-Guinée prirent les petites huttes merveilleusement décorées qu'ils découvraient dans la forêt pour des signes de l'activité religieuse des tribus papoues. Chaque petite hutte était précédée d'un jardin, une pelouse faite de mousse, entourée d'un fossé, parsemée de petits tas de fruits, de coquillages, de fleurs, de pierres, groupés par couleurs, entretenus et constamment renouvelés. La hutte elle-même, haute de près d'un mètre et large de deux, très solide, était faite de branchages finement entrelacés. Le naturaliste italien Beccari en 1872 devait découvrir que ces constructions étaient l'œuvre des « oiseaux-jardiniers ».

Chaque espèce a ses propres conceptions esthétiques. Certaines construisent des pyramides, d'autres des plates-formes, d'autres des allées. Toutes décorent les environs de petits tas d'objets colorés, présentant jusqu'à sept couleurs différentes. De plus, pour au moins six espèces, les constructions de branchages sont peintes ! La peinture, bleue, verte, jaune ou noire est étalée avec un bout d'écorce et refaite chaque jour, de même que chaque jour les fleurs sont changées. Les matières colorantes sont des fruits, du charbon (de nos jours elles peuvent aussi être volées à la civilisation humaine). Le rôle de ces compositions auxquelles ces oiseaux rares consacrent beaucoup de temps et d'énergie commence à être compris grâce à de patientes observations effectuées notamment en Australie sur une population assez nombreuse (426 individus).

Ces charmilles sont des boudoirs d'amour. De riches garçonnières construites par les mâles pour séduire, comme si le plumage généreux dont ils sont souvent dotés ne suffisait pas pour convaincre des compagnes rétives. Dans les montagnes de Nouvelle-Guinée les mâles *Flavifrons* accomplis vivent seuls en altitude entre 1 650 et 1 800 m, les jeunes et les femelles vivent plus bas. Les mâles, plus forts que la plupart des autres espèces d'oiseaux, se nourrissent aisément et rapidement sur les arbres les plus riches en fruits nutritifs, le reste du temps ils rôdent autour de leur « château », et tentent d'attirer les femelles par des cris stridents, rauques et étranges. Si l'une se présente, alors le mâle saisit dans son tas bleu (il a sur sa pelouse un tas de fruits bleus, un tas de fruits verts et un tas de fruits jaunes) un gros fruit bleu et le tient dans son bec devant la femelle de façon que le fruit fasse constamment contraste sur sa crête orange qu'il agite frénétiquement. La femelle est en général médiocrement intéressée.

En effet, les observations australiennes ont montré que, malgré tous leurs efforts, les mâles réussissent rarement à persuader une femelle de les accompagner jusqu'à la garçonnière décorée. Car après l'amour — qui est brutal — l'esthète enfin satisfait se défoule sauvagement de ses longues attentes sur la malheureuse fille séduite, la bat, la griffe, la pince, la piétine, l'écrabouille et la chasse pantelante de la chambre nuptiale qui d'ailleurs quelquefois est complètement saccagée dans l'action. La femelle va construire son nid à l'écart et élève seule une progéniture aussi rudement obtenue.

Les mâles jardiniers australiens sont si méchants qu'ils passent une bonne partie de leur temps à se battre, à tenter de détruire réciproquement leurs constructions et à en voler les ornements. C'est une société militaire en guerre continuelle pour le respect des hiérarchies. La possession des « châteaux » n'est jamais assurée et il faut constamment les défendre contre les raids et la destruction. A tel point que les jeunes mâles évidemment défavorisés par rapport aux anciens qu'ils observent jalousement forment des sociétés d'encouragement mutuel pour s'apprendre les uns aux autres l'art de construire et de décorer afin d'avoir un jour eux aussi la chance de profiter du moment de faiblesse des femelles !

Curieuse société d'oiseaux, guerres de possession, guerre des sexes, cela nous rappelle quelque chose. Pour les ornithologues, la question est de savoir si l'oiseau-jardinier est intelligent et s'il a un sens esthétique. C'est une question à laquelle on répond aisément pour l'espèce humaine. Quant à la brutalité des mœurs, le parallèle est facile. Espérons qu'une connaissance plus approfondie de cette curieuse race exotique au brillant plumage contribuera à réduire le fossé que la suffisance de notre espèce a établi entre l'homme et l'animal.

LE PIGEON MAGNÉTIQUE

Lâché à près de 1 000 km de son logis ordinaire, un pigeon voyageur entraîné peut revenir dans la journée. Cet extraordinaire exploit animal, qui fait l'objet entre les maîtres humains de compétitions passionnées, est une grande énigme scientifique. En effet, il faut admettre que le pigeon, comme beaucoup d'espèces migrantes, possède une sorte de connaissance cartographique qui lui permet d'identifier les lieux de la Terre où il se trouve.

Une fois lâché, le pigeon tourne deux ou trois fois sur place dans un rayon de quelques centaines de mètres, puis, généralement en moins d'une minute, s'éloigne droit dans la direction de son pigeonnier. Cela, par temps clair ou couvert, et quel qu'ait été le mode de transport du pigeon, même s'il a été anesthésié (pour le cas où il « enregistrerait » les méandres du parcours aller), et même s'il porte des verres de contact dépolis qui l'aveuglent.

De nombreuses expériences effectuées depuis quelques années sur les pigeons ont permis de comprendre un certain nombre de mécanismes. S'il fait beau, leur compas géographique préféré est, comme pour les abeilles, la position du Soleil. On peut ainsi tromper des pigeons en les décalant artificiellement quelques jours par rapport à la clarté diurne. Décalés de six heures, les oiseaux font une erreur de 90° par rapport à la direction de leur nid ; mais ils rentrent normalement si le ciel est couvert car ils utilisent alors un autre système.

Ce système semble être la mesure de l'intensité et de la direction des composantes locales du champ magnétique terrestre. La composante verticale du champ magnétique terrestre vaut à peu près 50 000 nanoteslas (nT) et sa composante horizontale environ 20 000 pour 45° de latitude Nord. La force augmente, à l'horizontale, de 3 à 5 nT par km dans la direction du pôle magnétique nord, et celle de la composante verticale de deux fois plus. L'angle de plongée vers le sol des lignes de force magnétiques s'accroît d'environ un centième de degré par km. Pour se guider sur ces lignes le pigeon doit pouvoir détecter des fluctuations de l'ordre de 10 à 30 nT. Cela paraît à priori extraordinaire, mais pourtant c'est bien ce qui a l'air de se passer puisque l'activité des taches solaires, qui provoque les orages magnétiques et des perturbations de l'ordre de 10 à 1 000 nT, trouble le vol des pigeons. Comme d'autres oiseaux d'ailleurs, les pigeons semblent suivre les lignes de force magnétiques descendantes si bien qu'ils peuvent se trouver piégés dans des vallées magnétiques naturelles provoquées par des anomalies géologiques.

La base physiologique du compas magnétique a été récemment repérée. On a découvert par des méthodes d'analyse physico-chimiques locales des amas de minuscules cristaux de magnétite, un oxyde magnétique de fer, dans la tête et le cou des pigeons, régions fortement innervées ou riches en muscles. Ces muscles sensibles enregistreraient les forces exercées par le champ terrestre sur les domaines magnétiques. Ce mécanisme de mesure ne semble fonctionner qu'en vol, car on a pu démontrer qu'un pigeon immobile était insensible aux variations magnétiques imposées artificiellement. A cet égard on peut faire de curieux rapprochements avec les hypothèses avancées dès 1964 par le physicien français Yves Rocard pour expliquer l'art du sourcier : la baguette de coudrier correctement tenue servirait d'amplificateur pour des mouvements musculaires induits par un récepteur magnétique sensible à de faibles fluctuations du champ terrestre.

Cependant, le mystère n'est pas tout à fait éclairci, car, pour établir une carte, il faut deux coordonnées et le magnétisme ne semble fournir qu'une indication nord-sud. La seconde composante fait l'objet d'hypothèses assez folles. On a, par exemple, suggéré que les pigeons se guidaient sur les odeurs portées par les vents. Cela ne résiste pas à l'expérience, mais on vient de s'apercevoir que les pigeons avaient du monde une vision bien plus large que la nôtre : ils voient plus. La sensibilité de leur œil est grande dans le bleu-vert, mais ils voient aussi l'ultraviolet avec une sensibilité qui dépasse celle de nos meilleurs photomultiplicateurs. Cela peut leur permettre de se guider sur la lumière ultraviolette polarisée du ciel. Cette capacité de voir hors des limites de notre spectre visible est partagée par de nombreux animaux, par exemple les crapauds (mais pas les grenouilles). Aussi leur oreille détecte les infrasons, ces bruits que nous ne percevons pas, dont la fréquence est inférieure à 10 Hz, et qui sont émis par le vent, les orages qui approchent, les aurores boréales, les vagues de l'océan, les tremblements de terre, et beaucoup de nos machines. Ces infrasons voyagent sur des milliers de kilomètres pratiquement sans atténuation et cet univers bruissant qui nous est inconnu peut parfaitement être familier aux pigeons, qui n'ont aucune peine à repérer la direction d'origine de ces sons puisque volant à 20 m/s ils bénéficient de la sensibilité de l'effet Doppler.

Dans la petite tête affolée de l'oiseau qui regarde de côté, le monde n'est pas tel que nous le percevons. Il est autre ; plus riche, il a plus de couleurs ; plus vaste, il vibre de musiques venues de toute la Terre ; plus subtil, il dévoile les forces discrètes que perturbent les éternuements du Soleil ; et, partout, il est familier.

[illegible]

[illegible]

L'OREILLE QUI VOIT

Au village, la chauve-souris a mauvaise réputation. Les garnements la clouent sur les portes des granges, les filles craignent que celles qui, à la brune, battent l'air de leur vol saccadé, ne s'emmêlent dans leurs frisettes. C'est l'animal des cauchemars, la sombre émergence de l'enfer. Dante découvre le corps poilu de Lucifer affublé de ses ailes : dans nos cathédrales, le Diable est un mélange de bouc et de chauve-souris. Cependant, pour l'imagerie urbaine de notre temps, elle devient la bonne force cachée qui poursuit les méchants : elle brille sur la poitrine de Batman, les mouvements de cape des croisés de bandes dessinées imitent ses déploiements de membranes et de griffes, elle est la justice qui veille, inexorable, dans les ténèbres. La chauve-souris, en somme, est un mythe et un symbole. L'animal, lui, est ignoré. Tout le monde l'a vue voler de-ci, de-là, le soir, quelques-uns l'ont trouvée sous les poutres de leur grenier pendue par les pieds, enveloppée dans ses ailes refermées, peu l'ont regardée dans les yeux, de petits yeux glauques bien moins vifs que ceux de nos souris sans ailes, les astucieuses compagnes de l'homme.

Si la chauve-souris vole, elle n'a donc pas pour autant le regard aigu de l'oiseau, c'est heureux pour son estomac. Car, le soir, elle n'a plus de concurrence : elle peut se nourrir richement sur les myriades d'insectes qui peuplent l'air de la nuit. L'oiseau, lui, est au nid, il ne voit plus rien. Le hibou même n'a pas assez de discernement pour gober d'aussi petites proies. La chauve-souris, elle, chasse au radar. Cette performance n'est sans doute pas pour rien dans la montée récente de son statut symbolique : à l'âge de la téléquelquechose, cet animal-là fait moderne.

On sait depuis longtemps (1938) que la chauve-souris se dirige par « écholocation » en utilisant la réflexion des ultrasons qu'elle émet sur les structures de l'environnement. Mais ce n'est que récemment que des chercheurs d'un institut allemand de Francfort ont analysé le mécanisme en détail. Selon la race, la chauve-souris peut produire des sons dans un domaine de fréquence qui s'étale de 16 kHz jusqu'à 150 kHz (la sensibilité de l'oreille humaine cesse à 23 kHz). Les émissions durent chacune quelques millisecondes et forment des trains réguliers. L'animal émet surtout un signal très pur à 83 kHz qu'il utilise pour l'écholocation. Le système auditif dispose de deux sensibilités, l'une ordinaire, de quelques-uns à 80 kHz, et une autre accordée spécifiquement aux fréquences proches de 83 kHz. Entre les deux se place une zone d'insensibilité à 81 kHz. La sensibilité de l'oreille au domaine de fréquence compris entre 82 et 86 kHz est considérable, 20 % des fibres nerveuses et des cellules auditives sont affectées à cette bande étalée. Dans cet intervalle étroit de 4 kHz (à peine un demi-ton à ces fréquences) le pouvoir discriminateur de l'organe auditif est immense. Cela est réalisé au niveau du limaçon de l'oreille interne et de sa lame spirale par des moyens entièrement « mécaniques » qui composent un véritable spectrographe acoustique de haute résolution.

Lorsque la chauve-souris chasse, les échos qui lui parviennent des trains réguliers d'ondes sonores qu'elle émet sont déplacés vers les hautes fréquences par l'effet Doppler. Or, la chauve-souris peut aller vite, jusqu'à 40 km/h, la fréquence de l'écho peut alors atteindre 87 kHz, c'est-à-dire être en dehors de la zone de sensibilité aiguë du système récepteur de l'oreille. Pour éviter cette catastrophe, la chauve-souris a trouvé une réponse simple : elle diminue la fréquence des sons émis de telle façon que l'écho soit toujours dans la gamme de fréquence pour laquelle l'oreille est la plus sensible. La réception est en fait stabilisée en fréquence à moins de 1 %.

Naturellement, on peut se poser la question de savoir comment la chauve-souris distingue ses proies du fond continu que forment les feuillages, les murs, les roches près desquels elle chasse. C'est qu'elle aime la chair fraîche et par conséquent s'intéresse à ce qui vit. A voir les crocs aigus qu'elle possède, on n'aimerait pas d'ailleurs être un insecte nocturne. Ce qui vit et qui est dans l'air a des ailes, et ces ailes bien sûr battent. Pour la chauve-souris, cela fait une modulation de fréquence de l'ordre de plus ou moins 10 à 20 Hz, 0,02 % de la fréquence de la sonde acoustique soit environ I/30 de demi-ton. Cela suffit pour se faire repérer, et dévorer.

Les chauves-souris sont expertes en télémétrie. Il leur suffit de mesurer le temps que le son met à leur revenir. Elles peuvent discerner des intervalles aussi courts que 60 microsecondes, c'est-à-dire apprécier des écarts de distance de l'ordre de 1 cm. Elles utiliseraient la différence entre les temps de réception du signal d'une oreille à l'autre. La localisation est naturellement facilitée par les mouvements auriculaires complexes qu'elles ont coutume d'effectuer. Et ces oreilles sont imposantes, une variété de chauves-souris assez commune en France, l'oreillard, est ainsi nommée parce qu'elle a des oreilles aussi longues que ses avant-bras, par conséquent bien plus grandes que la tête qui les porte ! Certaines expériences indiquent que des structures de surface de l'ordre de 20 à 50 microns pourraient être décelées par des chauves-souris entraînées. Cette oreille fait aussi bien que nos microscopes. L'œil n'est donc pas forcément ce qu'il y a de mieux pour « voir » le monde.

Si la chauve-souris a le monopole de la chasse au radar, on signale des cas de défense passive. En effet, des lépidoptères de la famille des *Arctiidae* peuvent entendre les sons émis par les chauves-souris et à leur approche ils se mettent eux-mêmes à éructer des trains d'ultrasons de 60 kHz de fréquence. Cela dégoûte les chauves-souris, on ne sait pas pourquoi.

Henri Salvayre, géologue, naturaliste, spéléologue, écologiste, vient de consacrer un intéressant petit livre aux chauves-souris[1]. Il donne une foule de détails sur les habitats et les mœurs des populations dans les diverses régions de France, sur l'évolution aussi d'une espèce menacée. Car la chauve-souris a un ennemi, et cet ennemi, c'est l'homme. Plus tristement, ses ennemis sont de faux amis : le spéléologue et le naturaliste bagueur. Salvayre évoque les massacres de la grande époque du baguage dans les années 1955-1960. Croyant agir dans l'intérêt de la science, bien des enthousiasmes inexpérimentés ont perturbé, partiellement détruit, dérangé, bouleversé des colonies paisibles par de fréquentes visites dans les grottes ou les carrières souterraines qui les abritaient durant leur période d'hibernation de novembre à avril. Ces visites sont devenues parfois d'inexcusables safaris. Aujourd'hui c'est le temps du remords et le baguage est sévèrement réglementé. D'ailleurs, il a été presque inutile : beaucoup de chauves-souris se déplacent peu, au maximum dans un rayon de 3 km ; en revanche, on a découvert qu'elles pouvaient vivre longtemps, jusqu'à 15 ou 20 ans. Le mythe des grands déplacements des chauves-souris (toujours les pouvoirs mystérieux) a donné lieu à des expériences aussi futées que celles qu'un certain polytechnicien est censé avoir effectué sur les puces : un universitaire de Caroline du Nord a ainsi constaté qu'une chauve-souris rendue sourde était incapable de retrouver son trou...

Un des plus nocifs ragots colportés sur les chauves-souris d'Europe a été, il y a de cela quelques années, l'insinuation qu'elles pouvaient servir de vecteur à la rage, une accusation diabolique capable de les conduire au bûcher aussi sûrement que leurs amies, les sorcières du Moyen Age. Ce bruit tire son origine de graves mésaventures survenues à des bagueurs et spéléologues familiers des grottes du Texas et qui moururent vers 1960 frappés d'un mal mystérieux identifié comme étant la rage. Mais ce n'était pas la rage, c'était une maladie rare et très difficile à

---

1. Henri Salvayre, *Les Chauves-Souris*, collection « Faune et Flore », Balland, 1980.

soigner : l'histoplasmose, connue aussi sous le nom de maladie des Pharaons, car on dit qu'elle a décimé les découvreurs du tombeau de Toutankhamon. La chauve-souris n'en est pas directement responsable. L'agent actif est un micro-organisme établi dans le guano accumulé dans les zones où vivent d'abondantes colonies. Cela fut longtemps ignoré et c'est pourquoi l'on écrivait, assez étrangement, jusque vers 1968, qu'il suffisait de respirer l'air des grottes pour risquer de contracter la rage car on savait que le contact direct avec l'animal n'était pas nécessaire, et encore moins la morsure qui ne peut au demeurant qu'être volontairement provoquée. Pour comprendre il fallait regarder où l'on mettait les pieds, encore que sous nos climats le risque est nul puisque le micro-organisme en question ne peut se développer que dans les grottes des pays chauds. Ceci explique les accidents texans ou vénézuéliens. Il reste qu'il ne faut pas visiter à la légère les grottes des zones chaudes : trois universitaires français, spéléologues chevronnés, pourtant prévenus et en conséquence précautionneux, l'ont appris à leurs dépens à Cuba, il y a quelques années. Dans ce cas, fréquenter les chauves-souris, c'est un peu rendre visite à un laboratoire spécialisé dans la guerre biologique, c'est une discipline beaucoup plus dangereuse que l'acoustique.

UNE CERVELLE DE PRINTEMPS

L'une des principales caractéristiques de l'homme en tant qu'animal est son habileté à faire le singe. En effet, l'aisance avec laquelle l'homme imite par la voix ou le geste, c'est-à-dire s'éduque, est la grande originalité de l'espèce. Les primates, nos cousins, s'ils ont des capacités gestuelles, n'imitent guère nos discours et pour le reste des mammifères seuls les dauphins montrent quelques dispositions pour l'imitation vocale. Cependant, si à part l'homme les talents des mammifères dans ce domaine sont bien médiocres, il n'en est pas de même au royaume des oiseaux. Là, on sait parfois reproduire ce qu'on entend à la perfection, quelquefois aussi bien que l'homme et ses machines.

Le répertoire sonore, si varié, du monde ailé n'est pas d'une origine unique. Certains talents s'héritent par la mécanique génétique, et sont acquis d'avance dans l'œuf. C'est le cas par exemple pour les colombes. D'autres doivent être appris. Un pinson élevé dans l'isolement n'émet qu'un chant très simplifié, réduit à ses seules racines génétiques. Mais, en compagnie, le jeune apprend le répertoire de ses parents et de ses congénères durant sa première année. Ces oiseaux chantent, perchés sur la branche, avant ou après l'envol. L'analyse des mélodies au moyen d'un spectrographe acoustique a permis d'établir que chacun connaît deux ou trois airs dont l'un au moins est personnel. Il est ainsi identifié de loin par son conjoint et ses collègues. La période d'apprentissage n'est pas réduite à sa jeunesse pour le pinson, il peut acquérir en vieillissant un nouveau répertoire. Ainsi un pinson américain âgé d'au moins sept ans a appris en huit semaines le répertoire de son compagnon de cellule, un pinson européen. De même, dans un groupe en cage, les oiseaux dominés apprennent les chants des dominants et par conséquent, comme dans les sociétés humaines, perdent leur identité culturelle.

Certaines espèces sont capables d'imiter non seulement leurs congénères mais encore d'autres oiseaux dont ils s'approprient les phrases musicales. C'est le cas de l'étourneau, de l'oiseau-moqueur et de la fauvette des marais. Mieux encore, les perroquets et les mainates peuvent imiter à la perfection une foule de sons dont la voix humaine. Ce sont surtout les oiseaux tropicaux qui exhibent, en captivité, ces talents de foire. Ils peuvent les pratiquer en chœur. Par exemple un couple de pies australiennes peut apprendre en duo une mélodie de 15 notes jouée à la flûte. Chacun chante sa partie, mais si après plusieurs années l'un des oiseaux meurt l'autre se met à chanter, seul, toute la partition, reprenant les morceaux de son compère disparu. C'est que, à l'état sauvage, certaines espèces tropicales comme par exemple des couples de pies-grièches « éthiopiennes » d'Afrique orientale ont des dialogues musicaux très élaborés et fondés sur plusieurs mélodies différentes. Le mâle chante ses notes, la femelle répond immédiatement par les siennes dans un délai très court inférieur à 150 millisecondes ; le mâle enchaîne d'autres trilles, ainsi de suite. Les deux oiseaux connaissent toute la chanson, car si la femelle, par exemple, veut appeler son compagnon d'urgence, il suffit qu'elle émette elle-même les notes mâles ; l'autre accourt, peut-être stimulé par la jalousie. Les chants permettent d'identifier le partenaire et aussi d'échanger des informations. Une paire peut connaître jusqu'à une vingtaine de mélodies différentes. Plusieurs mois d'apprentissage sont nécessaires au jeune couple pour mettre au point ces duos.

Le rôle que joue dans leurs rapports sociaux le soin minutieux apporté à l'imitation réciproque pour ces oiseaux tropicaux sauvages est certainement à la base des pouvoirs mimétiques de certains de leurs congénères « apprivoisés ». Habitués aux échanges sonores, privés de leur ambiance naturelle, ils s'efforcent quand même, en imitant, d'établir des rapports à leur façon et tentent donc ainsi, pathétiquement, de s'intégrer dans l'environnement social de leur captivité.

Avoir un talent est dangereux. Comme le remarque la sagesse taoïste, c'est l'arbre inutile qui reste longtemps sur pied. D'innocents serins, ceux qui servent d'oiseaux de compagnie, viennent d'en faire la triste expérience. Les mâles apprennent à chanter en improvisant ou en s'imitant les uns les autres. Cet apprentissage est complet à neuf mois. Ils produisent de nouveaux airs chaque année après une période d'interruption de quelques mois comprenant la période de la mue pendant laquelle ils sont muets. Neuf d'entre eux, partie d'un groupe de 21 nés un mois d'avril, ont été assassinés par overdose d'éther le printemps suivant. Les testicules arrachés ont été placés dans un bocal de formol ; la cervelle, éjectée du crâne, fut, après quelques traitements chimiques, découpée en tranches de 50 microns d'épaisseur. Les douze serins restants jouirent de la compagnie de femelles pour cinq mois, puis subirent à l'automne le sort de leurs camarades un peu avant la fin de la mue, avant donc qu'ils ne recomposent leurs chants.

Le résultat de cette immolation sur l'autel de la science est curieux et instructif pour les théories de l'éducation. En effet, les cervelles de printemps pesaient en moyenne 754 mg, celles d'automne 655, les testicules de printemps 253 mg, ceux d'automne 2 mg. Voilà donc des oiseaux dont la tête pèse plus lourd quand ils s'exercent poussés par les hormones à apprendre des ramages séducteurs. Les parties du cerveau qui abritent les neurones spécialisés dans le contrôle des activités locales sont connues. Le réseau des dentrites est plus complexe, plus développé, plus riche au printemps. La conclusion est que le volume de cervelle disponible pour stocker le répertoire musical varie au cours des saisons, et même se refait à neuf chaque année permettant l'apprentissage de nouveaux airs. On savait déjà que les femelles canaris pouvaient chanter trois semaines après des injections massives de testostérone ; en effet, cette hormone provoque la croissance dentritique dans les zones cérébrales spécialisées, normalement plus petites pour la femelle que pour le mâle.

Voilà qui confirme, et sans doute pas seulement pour les oiseaux, le grand pouvoir de la chimie sur le cerveau ; la capacité d'apprendre vient aux têtes par les molécules. L'esprit, l'art et l'illusion peut-être aussi ; on le soupçonne par l'effet des substances hallucinogènes. La cervelle plastique du canari montre en outre que la chimie peut refaire à neuf les cases spécialisées, réduire en enfance et reprogrammer. Voilà une piste scientifique pour des cures de rajeunissement enfin réussies, une espérance pour les gérontocraties. On perçoit déjà que, en fait, la science est lancée dans l'exploration et sans doute la conquête d'une nouvelle frontière, celle de la matière grise ou blanche sous nos crânes.

LE LIÈVRE DE MER

A travers le dédale touffu des algues qui tapissent le fond du bassin d'Arcachon, un œil exercé peut à l'occasion distinguer le corps oblong, d'un vert livide maculé de taches sombres, d'une espèce de limace bedonnante, visqueuse et gélatineuse, d'où émergent quatre tentacules : deux d'entre eux, plats et triangulaires, tâtent le sol en avant cependant que les deux autres, en forme de cuiller, se dressent comme des oreilles. Si cette masse d'une vingtaine de centimètres de long est dérangée, elle se recroqueville prestement et s'enveloppe d'un brouillard violet rougeâtre à l'abri duquel elle disparaît. Sortie de l'eau, jetée parfois en quantité sur une plage par quelque tempête comme cela arrive au printemps sur les côtes portugaises, ses sécrétions vineuses empestent l'air d'une odeur épouvantable, fétide et tenace. Cet animal étrange, repoussant, est connu depuis la plus haute antiquité sous le nom de lièvre de mer. Il a une très mauvaise réputation.

En effet, on prétend que le lièvre de mer entrait dans la composition des potions que la fameuse Locuste, l'empoisonneuse au service d'Agrippine et de Néron, administrait aux personnages qui dérangeaient les ambitions de ses maîtres, comme en témoigne la fin, au milieu des agapes d'un banquet, du doux Britannicus. Dans les vers de Racine, Néron prétend que le jeune prince s'écroule victime d'une crise d'épilepsie et c'est aussi d'épileptiques que s'occupe cent ans plus tard, vers 158-159, à Oea (Tripoli de Libye), un jeune et beau savant africain de Madaure nommé Apulée, lorsqu'il est accusé de sorcellerie pour avoir fait acheter à prix d'argent par son esclave

Thémison un lièvre de mer à des pêcheurs. Apulée, brillant orateur, s'en tirera de justesse, d'ailleurs en défendant hautement, plutôt en avance sur son temps, le droit pour le philosophe de la Nature de pratiquer la méthode expérimentale et par exemple de disséquer les poissons inconnus. Le futur auteur ésotérique de *L'Ane d'or*, livre chéri des psychanalystes modernes, ne se défend guère de rechercher ainsi des « remèdes », et n'est sans doute pas tout à fait innocent de l'accusation de magie, étant homme porté à explorer physiquement toutes les routes vers la connaissance.

De fait, les symptômes de l'empoisonnement par le lièvre marin, et les nombreux remèdes propres à prévenir ou à enrayer ce mal, figureront dorénavant dans tous les ouvrages de médecine. Et c'est dans un *Traité des venins* publié en 1568 par un médecin français né à Clermont-en-Beauvaisis, Jacques Grévin, et dédié à la reine Elizabeth d'Angleterre, qu'un chercheur américain de l'université d'État d'Arizona à Tempe près de Phoenix, George Pettit, ira en 1976 chercher l'idée d'explorer la chimie du lièvre de mer[1].

Il existe plusieurs espèces de lièvres de mer. Elles forment la famille des Aplysies. La plus répandue sur nos côtes atlantiques ou méditerranéennes est l'aplysie dépilante ; on croyait en effet que le liquide nauséabond violet qu'émet l'animal avait la propriété de faire tomber le poil des parties du corps avec lesquelles il pouvait venir en contact. Les aplysies sont en fait d'innocentes créatures herbivores qui, à part l'homme, ont peu d'ennemis. Ce sont des gastéropodes qui ont l'avantage de réunir en leur corps les deux sexes. Ils profitent largement de cette disposition en formant des chaînes de copulation qui intègrent jusqu'à douze individus, et ils font ainsi l'amour durant des heures, voire des jours, la bande enlacée planant délicatement au-dessus des prairies marines. De cette ardeur résultent de longs cordons cylindriques de mucus transparents enfer-

1. *Journal of American Chemical Society, 98* 4677 (1976).

mant des milliards d'œufs roses que les pêcheurs napolitains nomment vermicelle de mer. L'aplysie a également une autre propriété qui lui a été presque fatale, notamment sur les côtes de Bretagne à cause de récoltes intensives. Son système nerveux comprend en effet des cellules d'une taille exceptionnelle (400 à 800 microns de diamètre) qui sont des objets de choix pour des études d'électrophysiologie intracellulaire qu'exécutent au moyen de micro-électrodes les neurophysiologistes. Les chimistes d'Arizona ont porté leur choix sur une espèce tropicale de l'océan Indien, de grande taille (40 cm), celle-là même dont Pline croyait qu'elle périssait à la vue des hommes : *Dolabella auricularia*. L'extrait dans l'alcool et l'eau de cet animal s'est révélé efficace contre la leucémie.

George Pettit et ses collègues de l'Institut de Recherche sur le Cancer de l'ASU[1] ont pu d'abord isoler une substance baptisée dolatriol d'une structure inhabituelle construite autour d'un enchaînement plat de trois cycles de 6,7 et 5 atomes de carbone inconnu jusqu'à présent. Récemment[2], à partir de 100 kg de *Dolabella*, ils ont pu extraire en très faibles quantités (1 mg) des composés présentant une nette activité anticancéreuse. Une structure a pu être établie, qui montre de larges anneaux où s'enchaînent en cycle cinq amino-acides, une molécule très exotique. La découverte est importante car la pharmacopée anticancéreuse est bien pauvre.

Apulée prétendait que « les principes salutaires que le bienfait de la nature a largement répandus et semés dans tous les autres corps se trouvent aussi chez les poissons » (*Apologie*, XL). Ce sont ces « principes salutaires » que les programmes de recherche sur les substances naturelles comme ceux d'Arizona s'efforcent de découvrir. Ce n'est pas sans mal. En effet les pouvoirs publics n'y croient guère, et Pettit, victime du reaganisme, a dû recourir à l'organisation de tournois de tennis pour poursuivre ses

1. ASU : Arizona State University.

2. *Journal of American Chemical Society*, *104* 905 (1982) et *104* 6846 (1982).

recherches. D'autre part, il y a des difficultés pratiques, il faut se procurer les animaux et ce n'est pas toujours facile. Pettit par exemple a extrait d'un organisme marin parasite des jetées portuaires pourries une substance très intéressante, avec une activité antitumorale à très faible dose, la bryostatine, qui comporte également une espèce de ronde géante de 27 atomes de carbone ; mais la jetée qui nourrissait la colonie la plus active, celle qui avait le plus haut rendement pour cette substance infinitésimale, sans doute à cause de conditions inconnues dans son environnement, a été jetée bas par un ouragan ! Sans se décourager et non contents d'explorer la mer, les chercheurs américains se tournent aussi vers la forêt tropicale humide et étudient actuellement une substance extraite d'un arbre de la jungle costaricienne.

C'est que l'effarante variété des organismes naturels animaux ou végétaux est un prodigieux réservoir de formes moléculaires, réalisant des combinaisons que les rêves les plus fous des chimistes ne sauraient inventer. Cuvier, à propos justement du lièvre de mer, raille « les idées superstitieuses du peuple qui croit que chaque espèce malfaisante porte en elle-même le remède propre aux maux qu'elle cause ». Pourtant, la solidarité biochimique existe à travers la diversité des organismes et nous n'avons pas encore surpassé la nature dans l'art de réaliser de rares et astucieuses combinaisons d'atomes. Nous avons beaucoup à apprendre par de longues et méticuleuses recherches de l'immense laboratoire vivant que forme tout ce qui vit, s'aime ou se déchire sous les mers et sur la terre. C'est une tâche énorme de tout extraire, de tout analyser, de comprendre comment tout s'échange et se fabrique mais il faut se dépêcher : le riche patrimoine naturel moléculaire de la planète se détériore. L'action de l'homme, la pollution, l'industrialisation détruisent des milliers d'espèces chaque année. Peut-être parmi celles qui disparaîtront demain, comme le lièvre de mer en nette régression, se trouve cachée la savante combinaison d'atomes qui peut juguler l'un des maux terribles dont souffre l'humanité.

PERDRE LA QUEUE

Le lézard est dans une cage d'un mètre sur deux, un sol de sable, quelques cailloux, un simulacre de buisson. La scène est éclairée d'une pâle lumière rouge. Un serpent tacheté, ondulation glissante qui chasse dans la fraîcheur de l'obscurité, est introduit doucement. L'expérience simule la nuit dans le désert : les hommes veulent savoir quelle est la tactique de défense du lézard. Celui-ci, un gecko, dès qu'il repère le reptile, soulève haut au-dessus de son corps sa longue queue et l'agite frénétiquement, va même la secouer sous le nez du serpent. Le serpent frappe. Dans 60 % des cas il broie le corps ; dans 30 % des cas il happe la queue qui se détache instantanément et permet ainsi à son propriétaire raccourci de s'enfuir pendant que l'autre exerce ses mâchoires sur l'appendice indocile qui continue à vibrer. De même, bien des enfants de nos campagnes ont été déçus de ne garder dans la main qu'un mince fil d'écailles alors qu'ils croyaient avoir capturé le joli petit animal brun ou vert immobile au soleil au coin d'un mur de pierres.

Tous les lézards ont cette propriété d'abandonner aisément leur queue à l'agresseur. Celle-ci présente un endroit cassant dépourvu d'écailles ; une secousse nerveuse permet de couper la vertèbre, et le cordon très rétréci de la moelle épinière, sans effusion de sang des vaisseaux resserrés, et sans que les muscles se déchirent. Cette possibilité anatomique de se séparer volontairement, facilement et sans douleur, d'un membre s'appelle *l'autotomie*. Les étoiles de mer peuvent ainsi perdre des bras, les crabes, les homards et les araignées des pattes. Dans tous ces cas, les parties détachées peuvent ensuite repousser. Quelquefois, l'autotomie peut être agressive : des crabes d'Amérique centrale se débarrassent de loutres trop gourmandes en leur plantant fermement dans la peau, comme des banderilles, leurs pinces bien serrées dont ils se séparent ensuite d'un coup sec !

Dans le cas du lézard, l'autotomie est évidemment une tactique de survie. Lors du match avec le serpent, le lézard sans queue n'a aucune chance ; de même, celui qui n'en a pas une vraiment nerveuse. Car la queue détachée est souvent agitée de mouvements propres très vifs ; pour une espèce de lézards : plus de 300 vibrations par minute durant près de 5 minutes. Pendant que le serpent essaie de maîtriser les bondissements de ce tortillon qu'il prend pour les sursauts désespérés de sa victime, celle-ci bénéficie de précieuses secondes (37 exactement) pour se mettre à l'abri. Dans l'affaire, le serpent n'est pas tellement floué d'ailleurs. On a en effet pesé, trituré, broyé et brûlé les parties du corps du lézard pour découvrir que la valeur calorique alimentaire par milligramme était nettement plus grande pour la queue que pour le reste. Si les serpents étaient civilisés et astucieux, ils élèveraient donc des lézards pour consommer la queue ; laquelle repousse spontanément en quelques semaines à la vitesse de 1 mm par jour pour le gecko. Ce serait propre, écologique, économique et moral ; même le Bouddha, peut-être, n'y trouverait rien à redire. Malheureusement, l'espèce humaine qui ne consomme pas de lézards restera dans sa majeure partie criminelle, à moins que la science ne trouve un jour le moyen de faire que le bœuf autotomise le bifteck.

Cependant, le lézard n'encaisse pas la perte de son appendice sans quelques traumatismes. Des études sur la sexualité de ces petites bêtes ont montré que les raccourcis (environ 30 % des populations naturelles) se reproduisent moins bien, soit ils sont moins attractifs dans les joutes amoureuses, soit ils utilisent trop d'énergie pour se refaire une beauté. De même leur psychologie est perturbée : une étude récente a montré qu'un lézard qui perd les deux tiers de sa queue perd aussi son statut social. De dominant éventuel, il devient dominé par ses congénères normaux auxquels il doit céder place et terrains de chasse. Quelques infortunés, sans doute déjà peu doués à l'état normal, tombent d'ailleurs au bas de l'échelle sociale si, par quelque incident, ils perdent seulement un tiers de leur queue.

Ainsi, la caudalité dans la société des lézards joue à peu près le rôle de l'économie dans la nôtre : réserve de nourriture, outil de séduction et de prestige, richesse de pouvoir territorial, ultime moyen de défense. En conséquence, nous avons peut-être un enseignement à tirer de l'usage que le lézard fait de sa queue. En effet, Marshall Mac Luhan nous a appris que l'homme par ses média, toutes ses inventions modernes, s'était en somme créé de nouveaux organes extérieurs qui prolongent ses sens. Ce sont aujourd'hui les objets principaux du commerce, l'enjeu des désirs et des appétits, les marques de la réussite. A l'évidence ces organes-là sont autotomisables sans trop de douleur physique. Alors, ne peut-on imaginer qu'en des temps difficiles, pour sauver l'essentiel, malgré les frustrations psychologiques prévisibles, on puisse s'en débarrasser momentanément en attendant qu'en des jours meilleurs ils repoussent ? Abandonner par exemple au serpent monétaire le magnétoscope japonais, la voiture allemande, la machine à laver italienne, le whisky écossais ? En somme retrouver l'autonomie par la pratique adroite d'une économie « autotomique ».

COMMUNICATION VÉGÉTALE

Il y a une dizaine d'années, quelques-unes de nos belles forêts françaises furent attaquées par une espèce de chenille verdâtre d'un pouce de long. Dans cette fin de printemps les arbres prenaient rapidement des couleurs d'hiver, dénudés des racines aux cimes. Les plus maigres arbustes, les plus petits buissons de myrtilles ne gardaient que leurs nervures. Tout était dévoré. Passer dans la forêt, c'était se heurter sans cesse à de visqueux fils invisibles au bout desquels se tortillaient bizarrement les voraces dévastateurs. On en sortait couvert, des chaussettes aux cheveux. A la même époque, en Nouvelle-Angleterre, la même espèce croquait les bois à l'échelle américaine, si bien qu'il fallait, là-bas, dégager quelquefois au bulldozer routes et passages obstrués d'un épais tapis vivant d'anneaux velus enlacés. L'effrayante poussée irrésistible d'une masse biologique qui couvrait l'espace et que rien ne semblait pouvoir arrêter.

Pourtant, après un certain temps, après qu'une fraction notable de la forêt eut prématurément viré aux tristes teintes d'une fin d'automne, un reflux s'est amorcé ; bientôt les cadavres jonchaient le sol par milliards : la boue jaunâtre des corps écrasés maculait les souliers des promeneurs. On peut se demander pourquoi de telles attaques biologiques sur l'environnement, dues à d'effarantes explosions de population de prédateurs, cessent brusquement alors que rien ne s'oppose à la ruée des mandibules affamées. C'est que le végétal se défend : il réagit contre le risque d'extermination.

Tous les dix ans, environ, la population de lièvres

arctiques en Alaska augmente dans des proportions vertigineuses. Ils mangent tout. Quatre lièvres par hectare dévorent 90 % des jeunes pousses de bouleaux, de trembles, de peupliers ou d'aunes. Mais il réapparaît des tiges adventices, et, celles-là, le lièvre, même affamé, n'en veut point. En effet, la composition chimique du mets délicieux est modifiée, il contient désormais beaucoup plus de terpène et des résines phénoliques. Il semble que, par temps froid, la consommation de ces résines provoque chez le lièvre un état de choc profond par perte de sodium : la plante effectivement abat son prédateur.

De même, la teneur en phénols et en tannins des feuilles de chênes attaqués par les chenilles augmente fortement et rapidement. Cela réduit beaucoup la croissance des larves, inhibe le développement ultérieur de l'insecte et, par là, limite sa population. Cette propriété peut persister quelques années ce qui confère une protection durable aux victimes. Mais ce ne sont pas seulement les individus attaqués qui sont protégés.

On vient en effet de réaliser une curieuse expérience en serre sur des plantations de jeunes peupliers et de jeunes érables âgés de 2 à 4 mois. Hauts de 30 à 40 cm, ils portent environ 20 feuilles chacun. Si l'on déchire deux de ces feuilles, on constate que la teneur en phénols des autres croît de plus de 100 % dans les 50 heures qui suivent la déchirure pour revenir à la normale après 100 heures. Or, cette même teneur en phénols augmente aussi (près de 60 %) pour les feuilles des arbres intacts de la même serre. Il y a donc eu « communication » : les arbres blessés ont « averti » leurs congénères du dommage qu'ils ont subi (d'ailleurs limité : perte de 10 % du feuillage) et un mécanisme chimique de défense s'est enclenché pour l'ensemble de la colonie. Dans ce cas précis les teneurs en phénols et en tannins sont suffisantes pour dégoûter pas mal de larves de lépidoptères pendant 75 heures environ. Il est possible que le vecteur de communication entre les plants à travers la phase gazeuse soit l'éthylène qui, émis par les blessures végétales, servirait de signal d'alerte.

Certains insectes ont parfaitement compris les réactions

des plantes mangées vives. Une brillante coccinelle du Mexique se nourrit de feuilles de courges. Elle consomme en solitaire et son manège alimentaire est curieux. Elle se pose un matin et commence par découper durant 10 minutes environ la feuille selon un cercle. Elle ne laisse que quelques points d'attache pour tenir la section découpée en place. Puis, durant deux heures, elle festoie sur le rond ainsi isolé. Le matin suivant, la coccinelle, ou sa larve qui est pourtant beaucoup moins mobile, va choisir pour un nouveau repas une autre feuille, mais située à une distance d'au moins 6 m d'une feuille fraîchement percée. Des analyses ont montré que 40 minutes après l'attaque la plante commence à sécréter une substance amère qui la rend incomestible. De là, la précaution de la coccinelle qui empêche la diffusion du produit en coupant presque toutes les connexions au reste de la feuille du déjeuner choisi, et qui prend soin d'éviter ensuite les feuilles voisines « averties » de son intrusion et bourrées elles aussi d'inhibiteur chimique.

La communication dans le monde ne se fait pas seulement par l'image et par le son comme notre anthropocentrisme aime à le croire. Les discrets messagers moléculaires portés par les mouvements de l'air sont perçus par l'odorat, les antennes, les épidermes, les zones sensibles. Ils vont amorcer à la surface de ces récepteurs, par leurs titillations, les chaînes de réactions chimiques qui, selon le cas, vont traduire la crainte, mobiliser la défense, ou instiller les prémices du plaisir ou du désir. C'est tout un ballet mystérieux de codes et de signaux que charrie l'air qui nous entoure. Même soudé par ses racines au sol, l'arbre n'est pas un être isolé : le végétal est aussi social. Les douleurs de la blessure, comme l'épanouissement synchrone des fruits mûrs, sont collectivement partagés. Ne nous croyons pas, nous-mêmes, insensibles aux effluves fuyants qui baignent les êtres vivants. Nous communiquons, nous obtenons aussi des informations comme cela.

Notre peau, nos sens diffus ne sont pas comme l'œil ou l'oreille des sens actifs sous le contrôle de la raison, il n'empêche qu'ils perçoivent, qu'ils décèlent, qu'au plus profond de notre être, ils nous avertissent, ils concoctent d'obscures alchimies, ils signalent des révoltes étouffées. Comment, sans cela, expliquer les multiples formes et l'importance que prennent, dans notre dur monde moderne, les mystérieuses « réactions allergiques » ?

UN HAREM DE MÂLES

Dans le métro à six heures, les individus sont serrés les uns contre les autres, c'est une rencontre de hasard : ils n'ont rien à échanger, ils ne sont pas réunis pour des raisons affectives ou intellectuelles, ce qui les rassemble dans la migration quotidienne, ce sont les contraintes de l'organisation sociale qui, sur le lieu de travail, compose les groupes dans la journée et en disperse les membres le soir pour un repos individuel dans des cellules séparées. De même, des déplacements de foule s'observent dans le monde animal. Nuages de sauterelles, brouillards d'étourneaux, longs rubans gluants de larves agglomérées d'une petite mouche grise, la sciara militaire, chenilles processionnaires, bancs de poissons, convois de serpents marins presque aussi longs que les hardes de voitures dans nos embouteillages sur les routes estivales : on a signalé dans le détroit de Malacca une file de 3 m de large et de 90 km de longueur d'une espèce d'Hydrophis, serpent coloré des mers chaudes, dont l'envergure peut atteindre deux mètres !

La formation des foules est une caractéristique assez répandue du milieu vivant. Le semblable s'attire, pour s'imiter, se toucher, s'aimer, se combattre, ou céder à l'illusion collective. Le groupe paraît nécessaire à l'individu ; isolé, son développement physiologique peut être incomplet ou ralenti, son comportement indécis. Quelquefois, comme pour les poissons qui vivent en banc (bars, harengs, maquereaux), il faut voir l'autre, au besoin soi-même, dans un miroir, pour décider de son orientation dans l'espace, de la direction dc ses mouvements. La grégarité engendre alors la simultanéité dans la communion de l'imitation. De même, nos foules politiques ou religieuses ont besoin du grand nombre pour établir et affermir la croyance individuelle. Le partage de l'opinion est un gage de sa valeur.

Dans le métro, le groupe est bisexué, au stade pour un match de football, dans les rangs d'une armée en marche, ou dans certains cafés, il est presque exclusivement formé de mâles. Les sociétés se scindent ainsi selon les sexes pour des raisons variées. Pour certains insectes (hyménoptères, fourmis), il arrive que les mâles se regroupent ensemble pour dormir, collés les uns contre les autres, unis dans la léthargie. Il y a des troupeaux séparés d'éléphants ou de cervidés mâles et femelles qui se disloquent à l'appel du rut. Au contraire, le rassemblement des mâles en clans à la saison des amours est un phénomène curieux qui permet d'étudier, non sans arrière-pensées, les stratégies reproductives. Le cas des crapauds a fait récemment l'objet de plusieurs travaux.

Au début du printemps en mars et avril, à la fin de leur période d'hibernation, les crapauds mâles se réunissent autour des mares, les mêmes chaque année. Pour gagner l'eau ils parcourent parfois des distances assez considérables (de l'ordre du kilomètre) à raison d'une centaine de mètres par nuit. Comme le hérisson ils s'immobilisent devant le danger, ce qui leur vaut à l'occasion de finir en peau plate sur les routes. La nuit, ils poussent la romance pour attirer les femelles. Bientôt, celles-ci, muettes, plus grandes que le mâle (13 cm en moyenne contre 7 pour le crapaud ordinaire), se rendent à l'étang, les ovaires gonflés par les œufs en gestation, disposées à céder aux ardeurs de la troupe. L'accouplement du crapaud, l'amplexus, se fait sans pénétration. Il est brutal. Les mâles bondissent sur le dos des femelles, enfoncent les poings avec force dans les aisselles, appuient du menton sur le crâne. L'étreinte des bras musculeux du crapaud mâle est très vigoureuse, il est difficile de lui faire, dans cet état, lâcher prise même avec des tortures raffinées. Le couple enlacé nage dans l'eau, les pattes de la femelle pilotant. Au bout de quelques jours, une série de contractions annonce la ponte, les animaux étendent les pattes, les cloaques se rapprochent et le mâle inonde de son sperme le filet d'œufs qui se répand dans l'eau. Après quoi, le couple se sépare, chacun retourne sous sa pierre ou dans son trou, à une calme vie solitaire jusqu'à l'année prochaine.

La période de fièvre et de chant dure quelques semaines. Ce qui intéresse les biologistes dans les mœurs sexuelles des crapauds, c'est que les mâles sont, généralement, beaucoup plus nombreux que les femelles (de cinq à dix pour une en France). Si bien qu'il y a, aux ébats, beaucoup de spectateurs frustrés, d'autant que quelques-uns se débrouillent pour se satisfaire plusieurs fois. C'est Darwin qui a posé le premier le problème de la sélection sexuelle : celle-ci se fait-elle à la suite d'une compétition entre les mâles, ou bien résulte-t-elle d'un choix délibéré de son partenaire par la femelle ?

Les expériences récentes utilisent des magnétophones et des synthétiseurs pour simuler artificiellement le chant de crapauds (ou de grenouilles). Le crapaud émet toutes les secondes un signal de fréquence comprise entre 1 200 et 1 800 Hz. La fréquence est inversement proportionnelle à la taille de l'animal. Un cri artificiel produit à moins de un mètre d'un brave qui s'époumone provoque en moyenne l'attaque du haut-parleur s'il est aigu (1 800 Hz), ou une réaction de fuite s'il est grave (1 200 Hz). Autrement dit, les gros jugent à la voix que les petits sont petits et peuvent être battus. En revanche, les femelles semblent se jeter avec un enthousiasme indifférent sur le diffuseur des sons graves comme sur celui des sons aigus.

D'autres chercheurs, travaillant il est vrai avec des grenouilles, trouvent au contraire que la femelle choisit toujours de se diriger vers le son le plus grave, le plus orné de fioritures même, qui correspond à l'émission des gros mâles expérimentés. D'autres encore observent qu'en général, au moment crucial, les femelles ont sur le dos des mâles de dimension optimum pour assurer le mécanisme de la fécondation. Ils suggèrent que celles qui se sont fait assaillir au départ par des individus trop petits se sont débarrassées d'eux en nageant vers des partenaires plus forts qui ont réussi à déloger les minables. En fait, il n'est pas nécessaire de soupçonner les femelles de duplicité : il semble que de toute façon les petits sont attaqués et doivent repousser l'assaut des gros à grands coups de savate sur le museau pour rester sur le dos de leur chérie. Certains mâles ont des stratégies bien vicieuses. Ils se taisent et se dissimulent pas trop loin d'un chanteur. Ces parasites embusqués s'arrangent pour intercepter les épouses prospectives. Il paraît que dans ce cas les femelles tentent de s'échapper, ce qui conforte l'hypothèse de leur libre choix.

De toute la complication de ces amours batraciennes rien de bien clair n'émerge encore. La femelle est-elle seulement passivement attirée, sélectionne-t-elle, au sein du harem de mâles offert à ses désirs, un individu particulier dont le chant simplement plaît à son oreille, ou cherche-t-elle délibérément un partenaire vigoureux pour « maximiser le nombre de ses descendants viables » comme le prétendent les sociobiologistes, observateurs sourcilleux de ces étreintes marécageuses ?

Les oiseaux connaissent, comme les batraciens, les populeux et bruyants rassemblements de mâles auxquels viennent s'offrir les femelles. Ce sont des sociétés extravagantes. Dans le cas des oiseaux de paradis, la lutte pour l'accession au sommet de la hiérarchie est permanente. C'est moins spectaculaire mais tout aussi réel pour les coqs de nos basses-cours. Le plus beau, le plus gros, le plus coloré et le plus méchant emplumé paradisiaque l'emporte sur ses congénères et finalement c'est lui seul qui, pratiquement, fertilise toutes les femelles après les avoir séduites en se pendant à une branche tête en bas. Malgré les apparences la forme traditionnelle du harem est donc retrouvée. La conséquence de cette pratique despotique est que tous les mâles du secteur ont de grandes chances d'être frères et donc de partager un grand nombre de gènes. La vigoureuse et farouche bataille n'est, peut-être, que le moyen de désigner le plus apte d'entre eux, le plus qualifié, pour se reproduire dans l'intérêt de tous. Dans le même ordre d'idées, un premier ministre asiatique a récemment encouragé les classes aisées de son pays à forniquer pour procréer de nombreux enfants instruits et bien nourris et un autre facilite la stérilisation des pauvres.

L'interprétation des comportements animaux n'est pas dénuée de projections anthropomorphiques. Les sociobiologistes en particulier font grand usage des concepts économiques capitalistes : compétition, concurrence, investissement, accumulation des moyens et des pouvoirs, contrôle des ressources et du territoire. L'histoire naturelle moderne, terrain de batailles obscures, n'est pas neutre, ses modèles et ses observations forment la trame de tissus de certitudes contradictoires qui permettent quelquefois d'utiliser la science pour forger les opinions, conforter les options et les convictions sociales. L'étude attentive des mœurs sexuelles des crapauds n'est pas seulement un divertissement aimable de naturaliste, elle plonge aussi dans le marécage de la lutte idéologique.

RIFIFI AU MUSÉE

Très sélective, la célèbre revue scientifique hebdomadaire anglaise *Nature* est renommée pour la qualité des articles spécialisés qui y paraissent. La section d'informations générales véhicule aussi beaucoup de nouvelles intéressantes sur l'état de la science dans le monde et sur les découvertes en cours. Mais, récemment, c'est le courrier des lecteurs qui a attiré l'attention. Ceci, depuis le 20 novembre 1980, date de la parution d'une lettre du Pr Halstead, de l'université de Reading, qui dénonçait deux nouvelles expositions organisées par la Section d'Histoire naturelle du British Museum, respectivement sur les Dinosaures et sur la place de l'Homme dans l'Évolution, comme des complots subversifs marxistes destinés à pervertir « un élément clé du système éducatif de la Grande-Bretagne ». Cet anathème a déclenché une fureur qui s'est traduite par un flot de lettres pour ou contre. De notre côté de la Manche, il peut paraître curieux de voir un débat politique s'engager à propos de quelques tas d'os fossiles, blanchis et vénérables, bien éloignés, semble-t-il, des difficultés auxquelles se heurtent nos sociétés contemporaines. On peut craindre que ce soit encore un exemple de l'incorrigible originalité britannique dans l'art de déplacer les problèmes. En fait, la Science jouit dans la société anglo-saxonne d'une position moins isolée que dans la nôtre, et, à propos d'elle, des questions de fond peuvent quelquefois être abordées que nous ne percevons guère et encore ! qu'à l'occasion de nos querelles électorales.

La bagarre entre le Pr Halstead et la direction du Musée

d'Histoire naturelle ne date pas d'hier. Elle commence en septembre 1978 à l'occasion d'un symposium sur la Paléontologie des Vertébrés et l'Anatomie comparée qui se tient à Reading. Là, le responsable du Département chargé des relations avec le public, le Pr Miles, avait présenté la nouvelle politique du Musée pour attirer des visiteurs. Il s'agissait d'être moins un musée d'enfants, la majorité des visiteurs ayant moins de onze ans. Pour intéresser d'autres tranches d'âge, un public plus vaste, il fallait supprimer les présentations traditionnelles, rechercher quelque chose de plus vivant, rendre la science plus attractive, plus spectaculaire en somme. Le Pr Halstead avait répliqué que telle n'était pas la vocation d'un musée, que celui-ci était d'abord fait pour les savants et devait en conséquence refléter exclusivement leurs besoins, leurs conceptions et conserver leur style, un musée n'étant pas un « média », destiné à promouvoir la Science, d'autant plus que celle-ci peut être, pour plaire, présentée d'une façon partiale et même adroitement détournée pour endoctriner astucieusement la partie la plus fruste intellectuellement d'un flux massif de visiteurs. La controverse est intéressante, on aimerait en vivre de semblables en France. Naturellement, le Pr Halstead avait son idée sur les détourneurs potentiels et les dénonçait avec fracas dans un article de *Nature* paru le 21 décembre 1978. Ces trouble-fête sont les cladistes. Les cladistes, théoriciens fanatiques, acoquinés avec le marxisme, déjà retranchés dans les principaux musées du monde.

Les nouvelles expositions du British Museum sont présentées selon les principes de l'analyse cladistique. Qu'est-ce donc que cette dangereuse doctrine subversive ? Le cladisme est une nouvelle technique de classification des formes animales. Une méthode pour ranger les espèces, les actuelles et les anciennes, pour présenter un tableau cohérent de leurs relations et de leur histoire. C'est une nouveauté : cette systématique a été conçue vers 1950 par l'entomologiste allemand Willi Hennig, décédé en 1976, et appliquée d'abord aux insectes. C'est seulement en 1966, après la parution de son livre en anglais, que Hennig est devenu célèbre en raison des violentes controverses qui ont éclaté alors autour de son œuvre. On aurait pu croire que si quelque chose pouvait être considéré comme établi dans la science, définitif, assuré, c'était bien la classification zoologique, aboutissement des travaux d'une discipline descriptive ancienne illustrée par tant de savants. Eh bien, non, les cladistes, révolutionnaires irrespectueux, jettent tout par terre ! Leur truc, c'est de ne pas croire aux liens de parenté et de se méfier des arbres généalogiques hiérarchiques. Ils préfèrent rapprocher hardiment les espèces qui présentent les mêmes caractères morphologiques évolués, par exemple ils ont fait rire tout le Congrès de Reading en affirmant qu'un dipneuste (une sorte de vertébré aquatique à poumons) est plus proche d'une vache (parce que tous les deux ont des narines internes) que d'un saumon (bien qu'ils aient en commun, outre l'allure générale, écailles et nageoires). De même, dans l'analyse cladistique, les oiseaux sont les plus proches parents des crocodiles. On imagine que ces conceptions bouleversent bien des idées reçues. Pour un exposé des principes scientifiques du cladisme, on pourra consulter un article récemment paru dans *La Recherche*[1], mais attention, cet article est rédigé par des partisans d'Hennig, d'ailleurs parties prenantes dans les polémiques parues dans *Nature* ! La connexion avec le marxisme sera précisée ci-dessous.

Naturellement, le point faible du cladisme est dans le choix des fameux caractères évolués, mais le point faible des expositions du British Museum paraît être dans le choix délibéré et exclusif, peut-être prématuré, des solutions cladistes. Or cela conduit à des difficultés. Comme le cladisme suppose qu'une nouvelle espèce apparaît quand une ancienne se divise en deux, il n'y a plus d'ancêtres directs — d'où, par exemple, l'affirmation que l'*Homo sapiens* n'a pas pu directement évoluer à partir des formes de l'*Homo erectus*. Or il semble qu'il existe des ensembles de documents fossiles qui suggèrent dans ce cas précis une

1. *La Recherche*, décembre 1980, p. 1396.

évolution graduelle. D'où l'accusation d'avoir fait, parmi les théories scientifiques, un choix partisan et erroné pour la présentation au public. Cette accusation grave est portée contre la direction du Musée en février et mars par deux très vifs éditoriaux de *Nature*. La question est posée de savoir si ce n'est pas la théorie de l'évolution et le darwinisme en général que mettent en doute dans leur présentation les organisateurs des expositions. Le complot marxiste se doublerait donc d'une atteinte sacrilège au dernier monument de l'Angleterre victorienne. Les esprits s'échauffent. Un des grands maîtres de la systématique traditionnelle en profite pour assener aux partisans français du cladisme une volée de bois vert : selon lui, « les biologistes français, à l'exception de quelques extrémistes, ont toujours été antidarwiniens, sans autre raison bien claire que leur chauvinisme » ! Aux dernières nouvelles, au Musée, on s'accroche à ses positions, on se défend d'assassiner Darwin, mais on maintient que la théorie de l'Évolution n'est qu'une théorie, non un fait prouvé, bien que toutes les évidences soient, jusqu'à présent, en sa faveur.

Si dans les pages de *Nature* on a glissé de la polémique sur le cladisme à la polémique sur le darwinisme, c'est qu'il y a des raisons logiques. En effet, en octobre 1980 s'est tenue à Chicago une conférence sur la « macro-évolution » qui a réuni environ 150 participants. Des heurts violents se sont produits. Traditionnellement, on estime que l'évolution s'effectue par de petits changements accumulés sur des millions d'années. C'est le gradualisme. Mais, aujourd'hui, les expérimentateurs affirment que, d'après les documents fossiles, les espèces, au lieu d'évoluer progressivement, restent stables durant des millions d'années puis disparaissent brusquement pour être remplacées par d'autres apparentées aux anciennes mais nettement différentes. Il n'y a pas de formes de transition et ça n'est pas parce que les séquences fossiles sont incomplètes. L'évolution procéderait par sauts brusques. C'est la théorie de l'« Équilibre ponctué » dont les auteurs, liés à la gauche américaine, sont Stephen Jay Gould et Niles Eldridge. C'est le rapport avec le marxisme. Car Gould et Eldridge partent du cladisme comme système de classification ; sur cette classification, ils plaquent un système dynamique qui décrit le mécanisme de la différenciation des espèces, et ils opposent le concept de gradualisme enraciné dans la culture occidentale aux philosophies marxisantes qui expliquent le changement par le saut brusque. C'est la continuité-dans-le-changement opposée à la révolution. On voit les implications politiques : les conservateurs anglais craignent que les cladogrammes des expositions du British Museum inculquent à la jeunesse l'idée que la révolution est un processus naturel !

Le darwinisme est donc secoué dans ses fondements idéologiques. Curieusement il doit à la fois répondre à une attaque de gauche et à une attaque de droite puisque, aux États-Unis, les tribunaux de plusieurs États se prononcent sur les plaintes des créationnistes qui prétendent que la présentation de l'Évolution à l'École comme un fait scientifique viole les droits civiques des jeunes croyants élevés dans le respect de la Bible. S'ils critiquent le darwinisme, ce n'est certainement pas dans ce camp que se placent les chercheurs du British Museum.

L'affaire du cladisme montre qu'un schéma de classification, tout mathématique qu'il soit, n'est pas forcément une forme innocente. Cependant, « l'Équilibre ponctué », réminiscence des phénomènes quantiques qui se produisent dans le monde physique, souligne l'importance des facteurs qui décident des révolutions. Trotski prétend que le sort de la Révolution russe s'est joué en quelques instants, que tout a tenu au regard des soldats du premier bataillon qui, le 27 février 1917, a refusé de tirer sur les manifestants. C'est dire que les révolutions peuvent être aléatoires. Cela n'est peut-être pas au fond très marxiste.

S'agissant d'évolution, il faut admettre que la transmission génétique est essentielle. Le lamarckisme, qui a réapparu dans les pages de *Nature* mais pour être aussitôt rejeté à la trappe, ne paraît pas pouvoir expliquer une altération brutale du gène. Or, la transmission du gène se fait, me semble-t-il, par la pratique amoureuse. Nos honorables paléontologues marxistes suggèrent donc l'existence de révolutions dans les mœurs. Nous sommes bien placés pour savoir que cela existe. Peut-être cependant que la mode et la coquetterie suffisent déjà. On vient de faire une curieuse expérience sur des pinsons australiens. On les a décorés aux pattes, mâles et femelles, de bandes plastiques de couleurs voyantes ; le résultat est net : les femelles préfèrent les mâles à bandes rouges, les mâles les femelles à bandes noires. Voilà clairement le moteur de l'évolution ! D'ailleurs un cladiste a suggéré[1] qu'en ce qui concerne l'homme il ne fallait pas chercher dans l'usage des outils, ou dans la pratique de la chasse, la cause du processus de l'hominisation, mais bien plutôt dans les curieuses mœurs sexuelles de l'espèce. Du point de vue des séquences ADN, l'homme est à 98 % le frère du chimpanzé, mais il aime vivre en couple et la protection familiale assure le succès reproductif, donc la dissémination de l'espèce. Pour former la paire, on fait la cour : c'est possible à toute époque de l'année. Pour plaire, il faut se distinguer, attirer, de part et d'autre, d'où notre dimorphisme sexuel, nos jeux, nos règles de société finalement. Les plaisirs de la Belle et de la Bête forment de puissants facteurs de sélection qui ont dû jouer dans l'émergence de l'*Homo sapiens*. Les quelques différences qui subsistent encore entre les variétés de celui-ci pourraient bien, dans le futur, disparaître, par l'amour, grâce aux mélanges des populations de la planète qui commence de nos jours. Le cladisme, finalement, loin d'être un obscur complot, n'est peut-être que le fil ténu qui relie entre eux tous ces romans d'amour heureux, et ces quelques viols qui nous ont faits !

1. *Science*, 23 janvier 1981, p. 341.

LES ÎLES DE SAINT-BRENDAN

Le 17 juillet 1939 le capitaine John Bartlett à bord du *Effie. M. Morrissey* naviguant par 63° 40' Nord et 33° 35' Ouest aperçut à midi une île à l'horizon. C'était jour de grand beau temps, la vision dura jusqu'à 16 heures. Le problème est que les cartes marines n'indiquent que de l'eau dans ces parages. Le capitaine Bartlett contemplait l'une des îles enchantées de Saint-Brendan que décrivent les légendes celtiques des mers du Nord. Saint Brendan était un moine irlandais qui, dit-on, voyagea, au ve siècle, sept ans sur l'océan dans un de ces petits canots d'osier recouverts de cuir : les currachs. Il vit beaucoup de merveilles. Les histoires d'« îles non trouvées » font partie de la mythologie de l'Atlantique. A Hierro, l'île la plus occidentale et la plus méridionale des Canaries, le mirage de l'île inconnue est, paraît-il, fréquent et se confond en ces lieux avec le fantôme de l'Atlantide. Les anciens y plaçaient l'extrémité du monde connu, la limite de la mer navigable, et, là, Ptolémée fit passer le méridien d'origine.

Cependant, le capitaine Bartlett était un marin expérimenté et dans le profil net et clair de l'île à l'horizon il reconnut bientôt, sans doute possible, celui du Snaefells Jökull, une montagne (1 446 m) de l'Ouest de l'Islande, située à plus de 500 km au nord-est de sa position. Effectivement, un petit canot aurait pu voyager longtemps vers la vision sans la rencontrer : elle venait de sous l'horizon comme si la Terre pour quelques heures avait cessé d'être ronde.

Les différents types de mirage qui se produisent aux hautes latitudes viennent de faire l'objet de plusieurs études sous l'impulsion d'un physicien de l'université canadienne du Manitoba : Waldemar Lehn. Ses travaux jettent une lueur nouvelle sur des phénomènes atmosphériques rares et sur de nombreux récits historiques.

Le mirage du désert, bien connu, est dû à la modification des propriétés optiques d'une atmosphère chauffée par conduction par un sol brûlant. Les images sont déplacées verticalement et latéralement et souvent renversées. Le mirage arctique au contraire correspond à des conditions où une masse d'air repose sur un sol plus froid si bien qu'un gradient de température s'établit, la température de l'air augmentant avec l'altitude. Comme la pression de la vapeur d'eau dans l'air est plus élevée qu'à la surface il ne peut se former de brouillard et la première conséquence de cette situation est une extrême transparence permettant les visions les plus nettes. Cependant, si la variation verticale de température est assez grande, mais régulière, par exemple de l'ordre de 1° C pour 10 m, l'indice de réfraction du milieu peut varier de telle sorte que le parcours des rayons lumineux s'incurve jusqu'à épouser le contour de la Terre, et même au-delà. Si les conditions atmosphériques adéquates existent sur une grande étendue géographique, grâce à un bel anticyclone par exemple, la Terre peut apparaître plate et, l'excellente transparence aidant, on peut alors voir le monde lointain sans d'autres limites que celles de la sensibilité de l'œil. C'est ce qui s'est produit dans l'Atlantique Nord le 17 juillet 1939 et sans doute bien d'autres fois.

Sans aller jusqu'à des situations aussi extrêmes, le mirage arctique, le *hillingar* des Islandais, est relativement fréquent. L'image est déplacée verticalement, et seulement verticalement, de sa position exacte. On l'observe notamment sur les lacs canadiens où le paysage semble, surtout au début du printemps, se soulever dans l'air en prenant de la netteté. L'horizon peut alors reculer jusqu'à une profondeur de plus de 60 km. Les Indiens voyaient là la preuve du pouvoir magique du Grand Manitou.

Mais Lehn se demande si le phénomène n'a pas joué un rôle dans l'exploration du Nord par les navigateurs scandinaves. Car, en effet, il semble que dans bien des occasions les marins se soient dirigés sans hésiter. C'est ainsi qu'Érik le Rouge, banni d'Islande en 981, fonce droit au nord-ouest, sur le Groenland dans la direction du massif du mont Forel (3 500 m) que le *hillingar* permet éventuellement d'apercevoir depuis les pentes des montagnes d'Islande sur une distance de l'ordre de 300 km, alors qu'en temps normal la ligne de vue directe est interrompue par la courbure de la planète sur 63 km. Érik se heurtera à la banquise et devra filer au sud au-delà du cap Farewell vers des fjords plus hospitaliers au flanc ouest du Groenland d'où son fils Leif atteindra avec ou sans l'aide du *hillingar*, vers l'an 1 000, Terre-Neuve, le Labrador, puis le Vinland, c'est-à-dire un pays compris entre ce que nous appelons aujourd'hui la Nouvelle-Écosse et la Nouvelle-Angleterre. Les établissements nordiques seront détruits peu à peu par les Peaux-Rouges : à cette époque, la Cavalerie n'existait pas. Cependant, pour peu que les conditions climatiques s'y soient prêtées, il est bien possible que ce soit d'après une vision directe que les Celtes habitant les îles Féroé aient eu, vers 800, l'idée d'occuper l'Islande. La distance la plus longue entre terres fermes d'Europe à l'Amérique n'est que de 385 km, et le Sud-Est de l'Islande est dominé par le grand volcan Vatna Jökull qui, couronné d'un glacier, culmine à 2 119 m.

Un autre type de mirage correspond également à une élévation de température de l'air au-dessus d'un sol glacé, terre, mer ou banquise, mais dans ce cas l'élévation de température n'est pas plus ou moins linéaire ; il y a une zone mince (quelques dizaines de centimètres) où la température monte très vite de plusieurs degrés, puis poursuit une progression plus lente. L'altitude de cette zone peut être variable mais elle est généralement fort basse : deux ou trois mètres. C'est en somme la limite inférieure de la masse d'air chaud qui rampe à faible hauteur au-dessus de l'étendue glacée. Dans ces conditions le calcul montre que la courbure des rayons lumineux formant l'image d'un objet situé au ras du sol sera différentc selon les points de l'objet qui apparaîtra alors considérablement déformé dans le sens vertical et généralement allongé. Lehn suggère par la simulation des images sur ordinateur et par la photographie que ces distorsions sont la source des récits concernant les hommes-sirènes des légendes nordiques. Il s'agirait de visions déformées de certains types de baleines qui laissent parfois émerger verticalement leur museau. La ressemblance avec une image humaine colossale aux larges épaules, mais sans bras, mince à la taille, et dont le bas du corps est invisible, immergé dans la mer, est frappante et ceci correspond exactement à la description des textes anciens. Avec un peu de mouvement dans l'air, l'image devient floue, filamentaire, plus enveloppée et prend alors l'aspect féminin de la sirène. Cette vision était considérée comme de mauvais augure et de fait les conditions atmosphériques qui la provoquent prévalent généralement peu avant l'apparition d'une tempête : c'est le signe de l'arrivée d'un front chaud.

De nos jours les sirènes ont disparu, car, d'abord, on a chassé les baleines et, ensuite, on ne voyage plus à travers l'Atlantique le nez au ras de l'eau. Du haut bord de nos vaisseaux actuels il y a peu de chances d'accéder à la contemplation de ce merveilleux. De même ont disparu ces « barrières de la mer » (*hafgerdingar* en islandais) qui peuplaient de tourbillons les mers du Nord comme ce fameux Maelström qui faisait croire aux anciens qu'ils avaient atteint le bord de la Terre. C'est le phénomène précédent : du fait de la courbure des rayons lumineux, l'horizon de la mer monte au-dessus du bateau dont les passagers ont l'impression de se trouver au fond d'un large entonnoir avec des masses d'eau, comme des murs verticaux, prêtes à s'abattre sur l'esquif. Vision terrible qui a dû fortement marquer les imaginations, surtout si, en même temps, dans cette mer en fait calme, s'ébattaient, déformées en sirènes colossales, d'innocentes baleines chantantes. Ces fortes impressions sont peut-être à la source de certaines légendes méditerranéennes, qui auraient pu être colportées, par exemple, depuis le Nord, par ces peuples érecteurs de mégalithes qui hantaient les rivages européens 2 000 à 2 500 ans avant notre ère. Le nom de Thulé lui-même, familier aux anciens Grecs, vient peut-être de la racine celtique *tel* qui signifie « s'élever soi-même » et, alors, Thulé serait le pays-qui-se-lève-tout-seul-au-dessus-de-l'horizon, une reconnaissance en somme du caractère spectaculaire du mirage arctique. Quant à l'aspect prémonitoire de ces visions, gardons-nous de trop considérer la date de celle du capitaine Bartlett.

Il y a un dernier type de phénomène élucidé par le chercheur canadien. Il en a d'ailleurs pris une photographie. C'est le mirage dit de la Nouvelle-Zemble. Celui-ci date de 1597, un temps où bien des choses n'étaient pas sûres. A cette époque Barents et son équipage, cherchant le passage du nord-est, durent relâcher pour l'hiver en Nouvelle-Zemble, une île au nord de la Sibérie. Or, le 24 janvier 1597, des membres de l'expédition observèrent le Soleil alors qu'il restait encore à vivre deux semaines de nuit arctique, et que l'astre était théoriquement encore à 5° sous l'horizon. L'observation fut mise en doute, mais étudiée par Kepler qui n'avait pas encore établi ses lois. En 1915, cependant, une expédition antarctique vit réapparaître le Soleil, le 8 mai, sept jours après sa disparition théorique dans la nuit de l'hiver polaire. Cette année-là le Soleil surgissait de même le 26 juillet, cinq jours avant sa naissance légitime. Une observation plus récente, avec cette fois quelques données scientifiques, date, toujours en Antarctique, du 1er juillet 1951 : le Soleil est apparu alors que par rapport à la station il se trouvait à 4° sous l'horizon. L'image était déformée sous l'aspect d'une bande étroite de lumière rouge au ras de l'horizon de glace et constituée par des rayons lumineux ayant parcouru en ligne courbe quelque 400 km. Selon Lehn, il s'agit d'un phénomène dû à la présence d'un front chaud horizontal mais situé assez haut en altitude (50 à 100 m) d'une ampleur de quelques degrés et imposant un gradient de température uniforme sur de vastes espaces plats sans accidents topographiques, ce qui est le cas de quelques régions polaires. La lumière est piégée entre le sol froid et la couche d'air chaud sur laquelle elle se réfléchit. Elle peut ainsi parcourir de grandes distances un peu comme dans une fibre optique. Naturellement les pertes sont considérables et seul le Soleil peut former une image dans ces conditions. Lehn a réussi à la photographier, au Nord du Canada, le 16 mai 1979, jour où le Soleil a refusé de se coucher une semaine avant son statut officiel de soleil de minuit.

La morale de cette histoire est qu'il ne faut pas trop se moquer des contes du passé. Nos ancêtres n'avaient pas forcément une imagination délirante, vicieuse et déformatrice. Nous devons avec modestie reconnaître qu'ils avaient une qualité que nous avons perdue : ils savaient observer. On dit que les Eskimos encore de nos jours se dirigent par le reflet sur le ciel des éléments du terrain situé au-delà de l'horizon. Qui aujourd'hui aura suffisamment de discernement pour apercevoir vers le nord-ouest depuis les Féroé les jours de très grand beau temps sur l'Atlantique Nord, vers le matin, la faible image qui *doit* alors se former des montagnes islandaises ? Et qui, plus près de l'île des Sagas, tentera de saisir sur le ciel le miroitement de la lumière réfléchie par le grand glacier Vatna ? Tous ces signes légers qui renseignent sur le monde au-delà de la ligne de vue ont sans doute été exploités par ces navigateurs en bateau de cuir, les émules de saint Brendan. Les phénomènes qui les aidaient généraient aussi, hélas ! des fantômes terrifiants. Il n'en fallait que plus de courage pour affronter l'immensité sur la foi d'aussi légers mirages.

LES POLLENS DE LA PRÉHISTOIRE

Le pollen est le sperme des plantes ; il exerce la fonction reproductrice mâle. En un rapprochement amoureux, il doit être déposé sur les organes féminins des végétaux. Pour cela, il faut souvent attirer et récompenser un intermédiaire, d'où la variété des couleurs, des sucs, des goûts de l'univers floral. Les insectes, les oiseaux, les chauves-souris, l'homme se prêtent au jeu. Mais parfois c'est le vent qui porte le pollen. Celui-ci est alors émis en grandes quantités à certaines périodes de l'année comme le savent bien les victimes du rhume des foins. Cette poussière, dispersée dans l'air, retombe sur le sol et s'y mêle à la terre. Au microscope, le pollen apparaît sous forme de petits grains. La paroi de ces grains est très solide et elle peut résister longtemps à la décomposition, si longtemps que, en fait, elle se conserve dans les sédiments accumulés au cours des temps géologiques. Comme la forme, la taille et l'ornementation des grains sont caractéristiques pour chaque espèce, on peut identifier les pollens fossiles et, par là, connaître la composition de la végétation qui couvrait une région à une époque reculée.

Ces pollens fournissent parfois, comme d'étranges photographies fanées, des images inattendues du passé lointain qu'ils laissent un instant apparaître dans sa réalité, si différente de celle qu'on imaginait. Ainsi la sépulture néanderthalienne baptisée Shanidar IV, découverte dans une grotte d'Irak, aurait pu être, comme les autres, un simple petit tas de cailloux et d'os fossilisés, recouverts par le temps de concrétions calcaires. L'environnement de cette tombe est complexe car devant les os (ceux d'un homme) s'éparpillent les restes de deux femmes et d'un bébé. L'analyse d'échantillons du sol associé aux débris mâles effectuée à Paris par la palynologiste Annette Leroi-Gourhan[1] a révélé une richesse exceptionnelle en pollens de fleurs. Une richesse telle qu'il ne peut s'agir d'une association accidentelle. Ainsi, il y a 60 000 ans, un homme, en Irak, a été enterré sous une brassée de fleurs et pas n'importe quelles fleurs ; sur les huit espèces identifiées, il y en a sept qui correspondent à des plantes médicinales de réputation. Ces fleurs poussent encore aujourd'hui sous le ciel d'Irak et sont utilisées couramment par la médecine populaire. Voici donc que l'on découvre par la magie des pollens que l'homme de Néanderthal, n'est pas seulement un squelette grinçant dans une vitrine de musée. Ayant des pratiques funéraires, il a, du coup, aussi une âme[2] et même une âme policée par la connaissance scientifique ou le sens poétique. On entrevoit dans un éclair la cérémonie de printemps, le frais contre-jour bleuté de l'entrée de la grotte, le corps disparaissant sous la masse des bouquets de fleurs bleues, jaunes, blanches, violettes, rouges, pourpres. On sait qu'il s'agissait de bouquets car l'une des plantes, une mauve, pousse isolée et par conséquent il a fallu, par les champs, la cueillir, une à une, intentionnellement. La présence des deux femmes et de l'enfant jette quand même sur ce tableau idyllique une lueur inquiétante : sous les fleurs, on pressent un drame. L'homme est peut-être d'ailleurs, comme d'autres le seront plus tard, symboliquement enterré avec ses armes ou ses outils, car la nature du dépôt laisse imaginer qu'il s'agit d'un homme de connaissance de ces temps-là. C'est-à-dire un « chaman » puisque l'on a pris l'habitude de désigner ainsi les savants des sociétés « primitives ».

Il y a 60 000 ans on pratiquait donc sans doute la médecine en Irak, ou tout au moins la pharmacie, ou tout

1. A. Leroi-Gourhan, *Science*, *190* 526 (1975).
2. R.S. Solecki, *Science*, *190* 880 (1975).

au moins l'art des remèdes de bonne femme, en tout cas une activité qui implique une connaissance intelligente des ressources du milieu dans lequel on vit, et à cet égard la botanique est bien le premier des arts humains.

Remontons plus haut dans le temps, et restons sous terre, c'est-à-dire dans l'analyse palynologique des sols de grottes. On sait qu'on a découvert en France, grâce aux efforts d'Henri de Lumley et de ses collaborateurs, des restes humains anténéanderthaliens dans la grotte de la Caune de l'Arago au-dessus de la plaine de Tautavel dans les Pyrénées-Orientales. La faune, c'est-à-dire le matériel paléontologique, et la flore associée ont été analysées[1]. Les dépôts quaternaires forment plusieurs séquences qui s'étalent sur un grand intervalle de temps entre — 550 000 ans et — 400 000 ans. Au début, les restes nombreux de rennes et de mouflons suggèrent un paysage ouvert et un climat froid et sec, puis, l'apparition du cerf évoque des forêts sous un climat humide et tempéré. Enfin, plus récemment, si on peut dire, on trouve le renne, le bœuf musqué, le cheval, le bison des steppes, l'aurochs, le rhinocéros de la prairie, le renard polaire, le lemming à collier. Dans l'ensemble donc, mais surtout au début et à la fin, une faune associée de nos jours, quand elle existe encore, à un climat froid, à des steppes sèches que l'on ne rencontre guère qu'au-dessus du Cercle polaire. Mais voilà que l'analyse des pollens détruit cette image arctique de notre Paléo-Roussillon, car si ces bêtes polaires évoluaient bien à l'ombre d'espèces végétales aimant la fraîcheur et l'humidité comme le pin, le bouleau, l'aune et le saule, elles se frottaient aussi à des troncs de chênes et d'ormes, et, ce qui est bien surprenant, à des espèces plus franchement méditerranéennes, comme les bons vieux platanes de nos routes du Midi. Rien dans la couverture végétale n'évoque la toundra : tout au long de la période on trouve une bonne abondance de plantes méditerranéennes. Notre homme de Tautavel, loin d'être un

---

1. J. Renault-Miskovsky, E. Crégut, *Comptes Rendus de l'Académie des sciences*, Paris, *290*, série D, p. 747 et 751 (1980) — (24 mars 1980).

Esquimau glacé, évoluait au milieu d'une riche nature végétale variée et chaude, fraîche et ombreuse, avec des forêts et des grasses prairies où paissaient des troupeaux de rennes. On ne sait pas encore si nos anténéanderthaliens cueillaient aussi des fleurs, mais on peut le supposer car de toute évidence il n'en manquait point, et des plus variées.

Les pollens de Tautavel remettent donc en question bien des idées reçues et montrent que des espèces qui ont aujourd'hui des exigences écologiques bien différentes vivaient autrefois paisiblement ensemble, humant le parfum des garrigues du Midi. Quel crime a donc commis le pauvre Renne du Père Noël, pour être aujourd'hui rejeté, tirant son traîneau sur la neige, si loin du Paradis terrestre que furent les vertes collines du Roussillon ? Peut-être qu'après tout la présence de l'Homme depuis si longtemps sur ces terres suffit pour expliquer cet exil.

Les études sur les pollens ne servent pas seulement à restituer des images colorées du passé. Elles ont aussi une haute utilité pratique. Ainsi, on vient de montrer que l'analyse du contenu pollinique de l'atmosphère pouvait jouer un rôle capital pour notre économie agricole en permettant, à l'avance, des prévisions exactes du niveau des récoltes[1]. C'est ainsi que pour la vigne de l'Hérault, par exemple, l'abondance de la production dépend presque uniquement des paramètres météorologiques pendant la courte mais critique période de la pollinisation. Ce sont ces facteurs qui expliquent les fluctuations de rendement. Ils exercent pendant ces quelques jours une influence déterminante sur la fécondation. La récolte dépend de la densité des pollens par mètre cube d'air. La pollinisation est d'autant plus efficace que la température moyenne cumulée pendant la période (la somme des températures moyennes journalières) est plus élevée. Elle est diminuée par la pluie ou l'excès de vent. On peut ainsi expliquer facilement, à posteriori, la récolte pléthorique de 1962 (85 hl/ha) ou celle désastreuse de 1963 (49 hl/ha). Les

1. P. Cour et M. Van Campo, *Comptes Rendus de l'Académie des sciences*, Paris, *290*, série D, p. 1043 (1980) — (14 avril 1980).

pollens sont donc des indicateurs précieux de l'interaction de notre agriculture avec la pluie et le beau temps. Sur eux jouent les avatars météorologiques, grain de sable dans les plans linéaires de nos économistes technocrates. En somme la fantaisie des hasards de l'amour garde ses droits pour les spermatiques pollens, archives de la vie végétale passée de la planète certes, mais d'abord agents sexuels qui permettent le renouvellement des cultures qui nous nourrissent.

LES TÉMOINS DU DÉLUGE

Le 5 janvier 1982, au terme d'un procès contradictoire de dix jours, le juge fédéral William Overton a interdit la mise en application de la loi 590 signée par le gouverneur de l'Arkansas le 19 mars 1981. Cette loi imposait dans les écoles publiques de cet État situé à la limite du Middle West et du Sud profond l'enseignement du créationnisme scientifique, c'est-à-dire, en gros, l'interprétation littérale du livre de la *Genèse* comme seule source de connaissances légitime sur l'origine de l'homme et de la Terre.

Le fond de l'affaire est bien entendu la vieille querelle faite aux États-Unis au fantôme de Charles Darwin et à la théorie de l'Évolution. A tel point que, avant 1960, et depuis le fameux procès sur le cousinage de l'homme et du singe dans le Tennessee en 1925, les livres de classe n'y faisaient presque aucune allusion. Il semble d'ailleurs que la prudence des éditeurs chasse de nouveau, plus ou moins, l'évolution des manuels scolaires américains depuis l'offensive récente des créationnistes qui cherchent à faire adopter des lois semblables à la loi 590 dans les États les plus sensibles au conformisme religieux.

Cependant, cette fois, d'autres secteurs scientifiques sont attaqués. Les législateurs demandent que l'on fasse une place aux conceptions qui, en stricte conformité avec le récit biblique, se proposent « d'expliquer la géologie de la Terre par le catastrophisme y compris une inondation [dans le monde entier] » et qui supposent « une apparition récente de la Terre et de l'homme ». Ce genre de propositions fait sourire en Europe, où l'éducation des enfants semble à l'abri des excès rétrogrades du fanatisme... Mais il vaut mieux se méfier : la sourde contestation de la science établie a un public émerveillé et crédule, et il y a des chercheurs convaincus que les fables mythologiques valent parfois mieux que certaines hypothèses modernes.

Les témoins religieux au procès de Little Rock auraient été ravis de prendre connaissance d'un article de chercheurs parisiens[1] paru peu après le jugement, et qui, adroitement utilisé, aurait pu, si l'on peut dire, apporter de l'eau à leur moulin. C'est qu'en effet ces chercheurs ont examiné ce qui est arrivé au fond de la Méditerranée orientale « après le Déluge ». Ils ont analysé la sédimentation périodique de boues noires profondes, riches en matière organique, qui se forment lorsque l'eau du fond stagne, et s'appauvrit en oxygène en raison d'un fort gradient de salinité induit par la présence en surface d'une couche d'eau presque douce. Ces dépôts riches en carbone peuvent être aisément datés. Les plus récents se sont, à cent ans près, formés entre 8 970 et 7 960 B.P. (Before Present : avant le temps présent), et aussi entre 11 760 et 10 440 ans.

Les spécialistes disputent les causes possibles pour la présence en surface, sur de grandes étendues marines, d'une eau saumâtre. L'une des hypothèses est la fonte des glaciers quaternaires, mais les dates observées sont trop récentes. La reconstitution de la végétation terrestre par l'analyse pollinique ne permet pas non plus de supposer des pluies locales excessives. La seule explication semble être une formidable augmentation de la décharge du Nil en Méditerranée orientale quelques centaines d'années avant le début de la formation des boues. La reconstitution des paléo-climats de l'Afrique orientale où se trouvent les doubles sources du Nil : le Nil bleu vers l'Éthiopie, le Nil blanc vers les grands lacs africains, montre que de 19 000 à 13 000 ans B.P., la zone tropicale était extrêmement aride

1. M. Rossignol, W. Nesteroff, P. Olive et C. Vergnaud, *Nature*, *295*, 14 janvier 1982, p. 105.

et plus froide mais que, brusquement, après cette date, des pluies abondantes se sont abattues sur la ceinture équatoriale du Globe ; ce phénomène suivant de peu d'ailleurs la fonte des glaces eurasiennes. Le système du Nil, qui n'était qu'un maigre ruisseau, a dû transporter vers la Méditerranée le flot du déluge équatorial. Un déluge en deux temps puisqu'un retour de l'aridité coupe la période pour 1 000 ou 2 000 ans. L'analyse des fonds marins toujours par des chercheurs français, au large de l'Arabie et de la Somalie[1] confirme qu'une forte période pluviale a affecté la zone équatoriale voisine il y a en gros 11 000 ans.

La géologie de la Vallée du Nil montre qu'en effet des crues formidables d'un Nil sauvage se sont produites vers cette époque. On retrouve par exemple au nord d'Assouan de gros galets d'agate arrachés à des formations rocheuses situées au milieu du Soudan ! Ces terribles inondations ne sont pas passées inaperçues. Il y a longtemps que l'Égypte était peuplée. Depuis 16 000 B.P. le nombre de villages augmentait au bord de la plaine alluviale, la qualité du matériel lithique utilisé s'améliorait, la domestication du bétail et des plantes faisait des progrès évidents. Et brusquement, le nombre de sites habités se réduit de 80 %, les céréales sauvages disparaissent d'une économie au bord de la découverte de l'agriculture. L'Histoire du monde probablement recule de plusieurs milliers d'années[2].

De tels événements ont dû marquer la mémoire des peuples du Proche-Orient et s'incorporer naturellement dans légendes et mythologies. Le souvenir collectif retient l'excessif, mais c'est la science qui restitue le quotidien. Cependant l'habitude que nous avons prise de l'uniforme et du répétitif doit nous inciter à la prudence. La statistique endort la vigilance. En 1954 une rivière du Texas, contrôlée depuis 1900, a connu une crue fantastique dix fois plus importante que la plus forte observée. L'analyse des

1. E. Van Campo, J. C. Duplessy et M. Rossignol, *Nature*, *296*, 4 mars 1982, p. 56.

2. *The Sahara and the Nile*, Ed. M. Williams et H. Faure, A. A. Balkema, Rotterdam, 1980.

sédiments déposés par cette rivière, au cours des derniers 10 000 ans, vient de montrer que de telles crues, précédemment insoupçonnées, se reproduisent au minimum tous les 2 000 ans.

Les créationnistes n'ont donc peut-être pas tout à fait tort lorsqu'ils avancent que le catastrophisme peut expliquer certains phénomènes naturels ou humains, mais le juge a eu raison : finalement, il n'apparaît pas que l'Égypte et le Texas aient été simultanément noyés...

LE CANNIBALE CRÉTOIS

Les admirables fresques du palais de Cnossos composées de dauphins, de singes bleus, de fleurs, d'acrobates dansant sur des taureaux, de poulpes, d'élégantes au nez retroussé et à la poitrine dégagée donnent de la civilisation minoenne l'image d'un raffinement presque japonais. L'élégance du décor, le confort à demi moderne des constructions, l'astuce de l'architecture, tout concourt à former de cette civilisation insulaire une image gracieuse, prologue paisible où mûrissent dans une richesse silencieuse les grandes vagues achéennes et l'éclatement de la pensée grecque.

Cependant les fouilles continuent, et, au cours de l'été 1979, une découverte macabre a jeté un voile bien sombre sur l'éclat du jardin minoen : dans la cave d'une maison de Cnossos, dans un horizon datant de 1500-1450 avant notre ère, on a découvert une jarre à demi remplie d'ossements humains. Dans une pièce voisine on a trouvé environ 300 fragments, correspondant aux squelettes de deux garçons âgés de 8 et de 11 ans, mélangés à des os de mouton. Cette trouvaille pourrait n'avoir rien de bien étonnant si le microscope n'avait pas révélé sur ces os la présence d'entailles et de marques qui supposent le contact du couteau du boucher. Bref, l'ensemble ressemble à un saloir de petits garçons. Du coup la question se pose : les Crétois étaient-ils cannibales ? Cannibales vulgaires, ou cannibales religieux consommant de la chair humaine au cours de quelque cérémonie secrète ? Les archéologues sont-ils tombés sur l'antre du Minotaure et sur les restes de quelques-uns des douze jeunes gens, tribut annuel envoyé, selon la légende, par Athènes au roi Minos.

Sans doute, les os ne parleront pas, et il y a peut-être d'autres hypothèses que le cannibalisme, pour expliquer les traces laissées sur les os, par exemple des rites funéraires spéciaux, le crime crapuleux étant exclu. Cependant, on sait, depuis le déchiffrement du linéaire B, la parenté étroite entre la Crête et la civilisation mycénienne, et la légende grecque nous a conservé le goût des festins d'enfants. La plus célèbre histoire est celle d'Atrée faisant dévorer ses propres enfants à Thyeste, son frère. Dans le « saloir » de Cnossos les archéologues ont été intrigués par l'absence d'ossements des extrémités du squelette, notamment le bas des jambes. Or, à la fin de l'*Agamemnon* d'Eschyle, Égisthe, le fils survivant de Thyeste, dans la tirade où il se justifie du meurtre du Grand Roi, décrit avec réalisme le fatal repas de son père et donne ce détail : « Atrée [...] offrit à mon père pour festin la chair de ses enfants. Il brise le bout des pieds et les doigts des mains[1]... » La « recette » devait donc être assez connue encore du temps d'Eschyle...

Ce n'est pas tout. Alors même que l'on examinait les os à Cnossos, 10 km plus au sud, à Arkhanès, on trouvait sous les débris d'un temple abattu par un tremblement de terre 1 700 ans avant notre ère le squelette d'un jeune homme de 18 ans en position ramassée, couché sur un autel de pierre, un couteau de bronze cérémoniel au travers. Près de lui, les squelettes d'un homme et d'une femme écrasés par l'effondrement, les bras en croix. La civilisation minoenne était prise en flagrant délit probable de sacrifice humain. Cela ne doit pas surprendre : après tout, Agamemnon, fils d'Atrée, sacrifie sa fille à Aulis.

Le cannibalisme est certainement tenu pour plus infâme que le sacrifice humain à des fins religieuses ou légales, pratique qui se poursuit jusqu'à nos jours : les anciens Germains sacrifiaient à leurs dieux de préférence des malfaiteurs, le christianisme de préférence des sorcières et

1. Eschyle, *Agamemnon*, 1592-1596, traduction J. Grosjean, La Pléiade, Gallimard.

des possédés, les totalitarismes politiques de préférence des opposants. Une statistique récente des espèces dangereuses pour leur propre nature, cannibales ou meurtrières, compte, en plus de l'homme, 1 300 exemples qui couvrent tous les genres : insectes, poissons, oiseaux, mammifères. Le plus spectaculaire : les poissons *Stizostedion* qui s'avalent les uns les autres en commençant par la queue et forment des chaînes dont les maillons se dévorent simultanément. Le plus précoce : les embryons d'une salamandre vivipare qui se déchiquettent réciproquement dans le sein de leur mère.

Le cannibalisme, mal répandu, est un phénomène intéressant du point de vue des théories sociobiologistes. On sait que l'un des points de départ de celles-ci est l'explication du comportement altruiste chez les animaux. Il arrive en effet que quelques-uns se sacrifient pour sauver leurs congénères, par exemple de l'attaque d'un prédateur. Les sociobiologistes interprètent ce comportement sur une base génétique : un animal se sacrifie pour sauver d'autres animaux qui ont en commun avec lui de nombreux gènes. Le créateur de la sociobiologie, Edward Wilson, est parti de l'observation des insectes sociaux, notamment des fourmis. Cette théorie a été vivement contestée d'autant plus que Wilson prétend par exemple que le sens de la morale ne peut être déchiffré que par la biologie et que les grandes émotions humaines : haine, amour, culpabilité, crainte sont des valeurs de survie programmées dans les cervelles par la sélection naturelle. L'altruisme et la morale protègent l'espèce et assurent la propagation génétique. Dans ce contexte le cannibalisme est à priori le contraire de l'altruisme et c'est un test intéressant pour la sociobiologie. La question est en gros de savoir si on mange ses propres enfants.

Le cannibalisme fait quelquefois des ravages et peut être un facteur important de mortalité : ainsi, les trois quarts des œufs de corbeau et des jeunes couvées sont détruits par les adultes. Les femelles, surtout les célibataires, sont plus cannibales que les mâles mais le comportement de ceux-ci est intéressant. On trouve effectivement des cas où le mâle cannibale respecte sa descendance, ce qui, en principe, est favorable à la propagation de ses propres gènes. Ainsi, le lemming à collier du Grand Nord tue, si la femelle les défend mal, les petits nouveau-nés, à l'exception de ceux dont il est le père qu'il élève au contraire. Les larves d'un insecte parasite du blé mangent moins aisément les œufs avec lesquels elles partagent un patrimoine génétique. Chez les souris, les mâles ont une forte tendance à croquer les jeunes, à tel point qu'une souris enceinte qui vient à frayer avec un autre mâle croit bon de résorber le fœtus par une sorte de cannibalisme interne sans doute pour limiter la probabilité que sa portée soit massacrée par son nouvel amant. Les sociobiologistes disent que le mâle ne peut pas se permettre de se faire flouer sur son investissement génétique ; la femelle est évidemment plus sûre de son fait. Cependant, cette force d'expansion, d'un impérialisme inné, supposée au matériel génétique trouve des contre-exemples. C'est ainsi qu'une horde de 5 à 6 lions peut contrôler une troupe d'une dizaine de femelles qu'ils protègent jalousement de l'approche des autres groupes de lions. Une femelle en chaleur prend pour compagnon le premier lion de sa bande qu'elle rencontre. Durant quatre jours, il a l'exclusivité (à raison d'une prestation de service toutes les vingt-cinq minutes...), mais il n'y a pas de couples, et les mâles au long de cette union temporaire se témoignent entre eux assez peu d'hostilité. On pensait que cette tolérance relative résultait d'un degré de parenté rapproché des membres du groupe marital qui devaient ainsi posséder un grand nombre de gènes communs. Malheureusement une étude poussée de la population léonine du cratère du Ngorongoro en Tanzanie vient de montrer qu'il n'en était rien : les lions mâles ne sont pas forcément parents. Toutefois, un quart des lionceaux est quand même dévoré par les adultes.

Si Edward Wilson a voulu établir des règles qui s'appliquent aux fourmis aussi bien qu'à l'homme, Eschyle prétend que Prométhée a délivré les hommes « d'une vie de fourmi chétive ». Clytemnestre en assassinant son époux, fils de cannibale et meurtrier de sa fille, a peut-être délivré la civilisation européenne des survivances troubles du royaume de Minos. Du point de vue de l'évolution, elle bat en brèche pour la première fois la loi du mâle qui, dans les familles royales riches en meurtres familiaux, est aussi la loi égoïste du pouvoir à tout prix. Les sociobiologistes peuvent aisément montrer que cette loi du mâle gouverne encore bien des choses dans nos sociétés, cela se voit un peu partout, par les formes officielles du statut féminin conçues pour garantir l'investissement génétique du mâle. Nous ne sommes plus cannibales : on ne mange plus guère les enfants des autres. Pourtant il arrive qu'ils agacent. Le cannibalisme originel est remplacé par l'agression. Les sociobiologistes prétendent que le mélange génétique est le plus sûr moyen de développer l'altruisme universel. Acceptons-en l'augure. La planète offre aujourd'hui des conditions techniques pour un métissage général de l'humanité. C'est peut-être une espérance.

LA CHIMIE DU PASSÉ

L'archéologie n'est plus tout à fait une science d'artistes et d'historiens, physiciens et chimistes interviennent de plus en plus pour éclairer le passé et surtout le placer dans un contexte chronologique rigoureux. Les méthodes modernes d'analyse chimique, dont l'explosion bouleverse la conduite des sciences exactes qui fabriquent le futur, ont fait irruption sur les chantiers de fouille des monuments anciens, grandioses ou modestes. Elles apportent ainsi des éléments d'information neufs et précis à l'insatiable curiosité que notre époque semble avoir, plus qu'aucune autre précédemment, pour le passé de l'humanité et de la Terre qui la porte. Le goût de l'événement, le plaisir des enchaînements de nouvelles dans la résille d'un calendrier bien ordonné, que nous tenons sans doute de l'habitude que nous donne la mise en scène journalistique quotidienne, nous font désirer une restitution formelle et rigoureuse de ce qui fut.

Dans ce contexte les problèmes de datation ont toujours excité l'imagination, alimenté les polémiques et coloré les rêves. On sait que la découverte par Willard Libby en 1947 de la méthode de datation par le carbone 14 a révolutionné l'archéologie parce qu'aux supputations séquentielles fondées sur les styles et la stratigraphie elle a substitué la mesure précise. Cependant, seule, elle n'a pas supprimé les disputes. Par exemple, les sagas islandaises nous content que Leif Erikson a découvert le Vinland en l'an mille. Le Vinland, les archéologues l'ont retrouvé dans une crique de Terre-Neuve, baptisée l'Anse aux Meadows, parsemée d'objets divers d'allure nordique. Or, l'analyse du carbone

14 des matériaux de ce site donne une date de 895 plus ou moins 30, soit environ 100 ans avant le récit historique. Voilà de quoi rêver que de romantiques drakkars précurseurs se sont égarés sur l'Atlantique bien avant que l'écriture ne consigne des exploits plus officiels.

Malheureusement l'analyse est fausse. En effet, la méthode est fondée sur la décroissance de la radio-activité de l'isotope du carbone de masse 14 lorsqu'il est immobilisé dans des matériaux autrefois vivants mais devenus par la mort ou la crémation incapables d'échanger du gaz carbonique ou de la nourriture avec le milieu ambiant. Le carbone 14 est un élément instable constamment créé dans les parties hautes de l'atmosphère par une réaction entre l'azote ordinaire (de masse 14) et de neutrons produits par l'action des rayons cosmiques. Il se mêle aux autres isotopes de masse 12 et 13 et forme les mêmes composés chimiques, comme par exemple le gaz carbonique. Au début on avait supposé que la réaction nucléaire avait un rendement constant et que par conséquent la teneur naturelle en carbone 14 n'avait pas varié au cours des temps. Mais il n'en est rien. Des méthodes de datation plus rigoureuses, plus absolues, fondées sur le simple compte des anneaux de croissance annuels d'arbres qui vivent vieux, se conservent morts ou se fossilisent, comme les chênes ou les séquoias, ont permis de savoir que la teneur en carbone 14 de l'atmosphère a varié au cours du temps. Les arbres permettent de remonter environ 9 000 ans en arrière ; le carbone 14 était plus abondant il y a 7 500 ans après la fin de la glaciation ; il n'a cessé de diminuer jusqu'à l'an 1 000 pour augmenter ensuite avant que l'usage intensif que nous faisons des carburants fossiles, donc appauvris en carbone 14, ne le fasse brutalement décroître à nouveau de nos jours. Il faut donc corriger les dates. Dans ces conditions l'Anse aux Meadows était occupée en 997 ce qui donne raison aux sagas.

Dans ce site l'analyse chimique des éléments rares contenus en traces infimes dans des lampes et divers objets en pierre de talc a permis de découvrir que certains provenaient de carrières locales mais d'autres de roches situées au nord du Labrador. Une détermination analogue, par activation aux neutrons, de poteries trouvées à Marseille, à Chypre et en Israël a montré qu'elles avaient été fabriquées dans les faubourgs d'Athènes avec de l'argile attique. De même, le cuivre naturel des bords du Lac Supérieur a inondé l'Amérique précolombienne. Chaque objet porte en lui la marque de son origine. On reconstitue ainsi les anciennes routes de l'économie, sujet qui nous passionne tant aujourd'hui.

Il y a bien d'autres techniques : l'une des plus curieuses, s'appuyant sur les progrès de la biochimie moderne, est la mesure du taux de racémisation des amino-acides. Dans la nature, ceux-ci se trouvent sous leur forme « gauche ». Il existe une autre molécule de même composition chimique mais dont la disposition spatiale des atomes est l'image dans un miroir de la précédente. C'est la forme « droite ». En milieu non vivant les deux formes s'équilibrent avec le temps, plus ou moins vite selon la nature de l'acide aminé. Si l'on découvre des débris conservés d'acides aminés dans des restes archéologiques, on peut donc déterminer l'âge depuis la mort. A partir des restes d'acide aspartique, contenus dans les os de squelettes californiens d'*Homo sapiens*, un spécialiste vient de trouver par cette méthode un âge de 70 000 ans pour un exemplaire découvert à Sunnyvale. Cela relance la polémique sur la date du peuplement des Amériques, mais le gag est qu'alors l'*Homo sapiens* serait apparu là-bas bien avant de pointer son nez en Europe ou au Proche-Orient ! Voilà une forme extrême de néo-impérialisme, nous sommes volés : l'Ancien Monde n'est plus celui que l'on pensait ! Rassurons-nous, les disputes vont bon train ; les spécialistes du carbone 14 prétendent que le vieillard californien n'a que 5 000 ans et que les acides aminés ont la racémisation fantaisiste. Comme cette querelle tient aissi pour quelques-uns de la forme gauche, donc d'origine en principe biologique, qu'on a découverte dans une certaine météorite extraterrestre, l'affaire est à suivre...

LE CHAMEAU SANS DOULEUR

L'impulsion électrique, assistée par la chimie, fait, de ses sautes de potentiel régulières, circuler de neurone à neurone l'ordre et l'information dans la cervelle de nos têtes. Les quelque cent milliards de cellules nerveuses sous nos crânes entretiennent entre elles et avec le reste un nombre fantastique de contacts, de communications et de connexions dont le calcul donne le vertige arithmétique. Nos machines sont en comparaison bien modestes. Peu à peu la Science déchiffre le fonctionnement de l'outil qui permet au monde d'exister par la capacité que nous avons de le percevoir et de le décrire. La connaissance est un réseau de pulsations électriques couplé à un ballet de molécules magiques. Au long de l'axone, cette projection externe du neurone, l'onde nerveuse passe, modulée par la sortie à travers la membrane des ions potassium et par l'entrée des ions sodium. Au bout, au niveau de la synapse, pour le saut vers un autre neurone, interviennent comme véhicules, comme contrôleurs, les substances subtiles : les neuromédiateurs. C'est de ce côté que de grands progrès sont faits.

Bien que l'on ne connaisse peut-être que 5 % des neuromédiateurs grâce auxquels nos idées et nos gestes naissent et s'expriment, les quelques composés actuellement identifiés contribuent énormément à la fois à la compréhension des mécanismes physiologiques et à l'art du médecin. Les média ont déjà étendu nos yeux et nos oreilles au monde. Demain, sans doute, la chimie pharmaceutique va nous faire unc tête encore plus grosse et nous aider à jouir au mieux de notre outil mental, et plus longtemps, en combattant les effets du vieillissement.

Les molécules actives ne sont pas très compliquées. Une douzaine d'atomes de carbone, d'oxygène et d'azote, autant d'hydrogène. Ce qui compte c'est l'arrangement dans l'espace, la forme. C'est comme une clé. Le neuromédiateur doit s'appliquer exactement au récepteur de la membrane synaptique. Si un cran manque, si une queue est trop fourchue, alors, la mécanique se bloque, l'erreur s'installe, le geste devient saccadé ou imprécis, l'image devient folle. Voici la dopamine. C'est un noyau de six atomes de carbone en anneau hexagonal comme pour le benzène dans la formule bien connue de Kékulé, ajoutez deux atomes d'oxygène sur le côté à gauche, en haut, à droite, une queue formée de deux atomes de carbone et d'un terminal azote. Saturez de ce qu'il faut d'hydrogène. Si cette substance manque dans certaines parties du cerveau, c'est la maladie de Parkinson. S'il y en a trop, c'est la schizophrénie. Si sur le deuxième carbone de la queue, au lieu de compléter la liaison par un atome d'hydrogène, vous utilisez un groupement méthyle (un carbone et trois atomes d'hydrogène), vous avez l'amphétamine. Compliquez un petit peu : au lieu d'installer ces méthyles sur la queue, placez-les sur le noyau benzénique et voici la mescaline : l'esprit éclate, la lumière devient souffrance, la musique glisse, les mots s'affaissent.

Prenons la sérotonine, une molécule un peu plus riche, avec au flanc du noyau benzénique un cycle pentagonal dont la pointe se termine par un atome d'azote. Si, anxieux, vous souffrez d'insomnie, c'est que probablement votre cerveau n'en produit pas assez. Manipulez cette molécule, collez dessus encore quelques groupements méthyles : voici la psilocybine, fleur d'érection de champignon mexicain, derrière laquelle se profile avec un petit effort supplémentaire du chimiste la formule grave du LSD. Voilà les constructions délirantes, les spectacles, les palais, la fulguration des couleurs, le moi qui s'envole. Le corps se soigne dans la fente synaptique par la chimie, l'esprit s'y manipule, l'humeur s'y fabrique : le malheur et le bonheur se jouent là dans le flot de l'équilibre des substances régulatrices.

A mesure que progresse la recherche, à mesure que l on connaît mieux le détail des réactions, les zones du cerveau où se livre tel ou tel combat moléculaire, à mesure que l'on découvre les terres spécialisées de ce continent inconnu, on voit se profiler un nouveau débat de la morale et de la science. Non seulement la possibilité de soigner et de soulager la douleur, mais encore le jeu terrible du contrôle de l'intelligence et de la mémoire[1]. On vient de faire sur les rats une curieuse expérience. L'administration de substances opiacées aux animaux a pour effet de les rendre amnésiques : ils perdent la mémoire des exercices appris, ne reconnaissent plus les lieux ; si cependant on leur injecte un antagoniste des opiacées, la naloxone, ils recouvrent rapidement leurs capacités. L'expérience nouvelle consiste à les traiter avec la naloxone seule, et, surprise, on découvre que la mémoire visuelle des rats s'est considérablement améliorée. Ils retiennent mieux, ils assimilent avec plus de sûreté la géographie d'un nouvel environnement. Ceci peut permettre d'avancer, peut-être un peu prématurément, que les douillets ont plus de mémoire que les autres ! En effet, on sait depuis 1975 que le cerveau sécrète lui-même des substances opiacées dans ses parties qui contrôlent l'émotion et la douleur. Ces substances naturelles, les endorphines, peuvent être aussi puissantes que les morphines pharmaceutiques. Leur présence explique que des traumatismes émotionnels violents comme les blessures de guerre ne s'accompagnent pas de la sensation de douleur. Chez certains animaux, les endorphines sont des analgésiques trente fois plus efficaces que celles de l'homme, c'est le cas par exemple du chameau dont on connaît, de fait, la résistance à la souffrance. En réaction à la tension nerveuse, la teneur en endorphines dans le sang et le cerveau monte, tandis que le seuil de la douleur

1. Sur ces questions on peut consulter le livre de Guy Lazorthes : *Le cerveau et l'esprit*, Flammarion, 1982, collection « De la Science à l'Homme ».

s'abaisse. L'altier quadrupède, dur et stoïque, est donc de nature un faux calme.

Curieusement il se développe dans la société moderne des techniques qui favorisent l'autoproduction des endorphines cérébrales. Ce qui ne va pas sans effet d'accoutumance, ni sans les frustrations du manque. Il suffit de s'infliger avec persévérance quelque souffrance pour déclencher la sécrétion apaisante, voir s'installer la douce euphorie. Autrefois on recourait aux macérations des pratiques religieuses, à la vertu du cilice. De nos jours, c'est apparemment le sport qui calme les esprits inquiets. Voyez dans nos rues courir tous ces gens sérieux, travailleurs chargés de soucis qui s'envolent dans le pénible effort mécanique, violence au corps qui excite la chimie douce du cerveau.

L'anxiété et la douleur sont à coup sûr sous la dépendance des neuromédiateurs, la mémoire, l'intelligence, l'imagination le sont peut-être aussi. Cela pose visiblement des problèmes sociaux à la pharmacologie nouvelle. Mais une autre difficulté se profile à l'horizon, bien plus sérieuse : la possibilité à terme de dominer la mort. En effet, lorsqu'on vieillit, on perd la mémoire, on perd la coordination des mouvements ; on perd la capacité d'apprendre. On commence à s'apercevoir que cette diminution des facultés est due à la décroissance de la concentration cérébrale en neuromédiateurs accompagnée d'une augmentation de la teneur d'une redoutable espèce chimique à vie très brève mais très réactive, les radicaux libres oxygène, qui détruisent irrémédiablement neurones et tissu nerveux dans le voisinage. Le neuromédiateur acétylcholine, une molécule linéaire assez simple, liée aux phénomènes de perception, est déjà utilisée dans certaines cliniques gérontologiques de pointe. En Suède, on a récemment greffé dans des régions spécifiques de la cervelle de rats âgés des extraits de cerveaux d'embryons de rats, riches en acétylcholine et en dopamine. Avant l'expérience, les vieux rats étaient incapables de traverser un pont formé d'une barre de bois ronde ou carrée sans tomber ou s'immobiliser accrochés lamentablement du ventre et des pattes, alors qu'un jeune rat courait l'obstacle en 30 à 60 secondes. Douze semaines après la greffe, les vieux rats traversaient la barre sans encombre, presque aussi gais, alertes, et curieux que les jeunes. Cette expérience exploratoire ouvre la porte pour une thérapie de la vieillesse. Mais dans quel abîme social l'humanité ne peut-elle pas tomber, comme dans les pires cauchemars de science-fiction ! Faudra-t-il un jour procréer régulièrement pour que, de l'embryon formé, on puisse se recharger la cervelle directement en substances neuves afin de se perpétuer, ainsi, soi-même infiniment ?

LA VACHE ET LE SÉLÉNIUM

Une plante plongée par ses racines en terre, suce les aliments que l'humidité du sol ou la générosité de l'arrosage mettent à sa portée. On vient de se livrer à une intéressante expérience sur des plants de soja. Des graines ont germé sur du papier-filtre humecté d'eau ultra-pure. Après cinq jours, la jeune pousse a été nourrie avec des solutions artificielles savamment équilibrées en azote, en phosphore, et par rapport à divers cations minéraux. Plus tard, on a constaté que si l'on oublie d'ajouter des traces de nickel dans la sauce, la plante jaunit aux extrémités des feuilles, elle y accumule de l'urée, une nécrose s'installe. La physiologie végétale ne peut plus détruire l'urée, elle manque d'une enzyme essentielle, l'uréase, une molécule construite de deux atomes de nickel enfouis dans un lourd édredon de protéine (105 kg de protéine pour 117 g de nickel).

Des vaches paissaient certaines prairies de la Floride dans la région des Everglades, célèbre pour ses alligators et son parc national. Elevées à l'américaine, elles avaient de l'espace, de l'herbe à ruminer, des points d'eau aménagés et une boîte à sel bien fournie en phosphate, en vitamine A, avec en plus diverses additions minérales. Malgré cela les animaux s'étiolaient, s'anémiaient ; victimes d'une anorexie, ils perdaient l'appétit, leur taux d'hémoglobine dégringolait. C'est que l'herbe des Everglades ne contient pas du tout de sélénium ni d'ailleurs de cuivre ou de cobalt et que ces éléments font la viande et le tonus tout autant que le fourrage. Pour s'en assurer, on a fait comme pour le soja, on a contrôlé la composition chimique de l'eau donnée à boire. Pour que tout aille bien, il faut à la vache par jour : 128 mg de cuivre, 8 mg de cobalt et 2 à 4 mg de sélénium.

Il ne suffit donc pas de se remplir la panse ou de boire à sa soif. La nourriture doit être minéralement épicée. La richesse de la classification périodique des éléments contribue à la composition du bouquet. On le sait depuis déjà assez longtemps. C'est vrai pour les plantes, pour les animaux, pour l'homme. Les matériaux du vivant sont principalement l'hydrogène, le carbone, l'azote, l'oxygène et le souffre ; en moindres quantités, on trouve le sodium, le magnésium, le phosphore, le chlore, le potassium, le calcium. Il faut en avaler quelques grammes ou fractions de grammes par kilo d'individu par jour. Mais ça ne suffit pas encore, la machine vivante ne peut pas fonctionner si on ne lui fournit pas chaque jour quelques milligrammes de silicium, de vanadium, de chrome, de manganèse, de fer, de cobalt, de nickel, de cuivre, de zinc, d'arsenic, de sélénium, de molybdène, d'iode. Un vrai catalogue d'éléments pour aciers spéciaux ! De certains, comme l'arsenic, il en faut, mais pas trop, il y a une dose optimale variable selon le cas.

En principe, tout cela se mange dans la viande et les légumes et se boit dans l'eau, le vin, le lait. Mais il y a deux conditions : il faut d'abord que l'alimentation fournisse l'élément trace, et il faut ensuite que les réactions biochimiques qui permettent de faire à partir de ces éléments la synthèse des molécules actives dans un processus biologique comme la vitamine B12 qui est un complexe de cobalt ne soient pas perturbées. L'absence de cobalt induit l'anémie pernicieuse ; l'absence d'iode, le goitre ; c'est bien connu : on sait moins que le chrome est indispensable à l'activation de l'insuline et que son absence produit le syndrome du diabète et toutes ses complications. Dès la fin du siècle dernier, Pasteur avait souligné l'importance du silicium pour les processus d'ossification et de croissance, ce que la microscopie électronique vient de démontrer.

Deux éléments traces sont particulièrement sensibles,

car ils pourraient jouer un rôle dans le mal cruel que la science a tant de peine à contrôler, le cancer. Le zinc est un élément important car il intervient dans de nombreuses enzymes impliquées dans le métabolisme et pour traduire le code génétique. Son absence réduit les possibilités de défense de l'organisme, altère le système immunitaire. On a guéri de terribles maladies en faisant simplement consommer du zinc oralement à des patients incapables d'assimiler normalement cet élément par les voies intestinales. Le sélénium aurait lui un effet protecteur contre les risques de cancer. En effet, il est associé à l'activation d'une enzyme qui élimine les peroxydes et empêche la destruction des globules rouges par oxydation. Il serait efficace contre de nombreux agents cancérigènes, notamment ceux qui résultent de l'activité industrielle. On a montré son action protectrice contre les tumeurs du colon et celles du sein chez les souris.

Il paraît que les tabacs fumés dans les pays où l'on observe le plus de cancers du poumon contiennent moins de sélénium que les autres. On sait aussi qu'il y a des maladies qui affectent en Chine et en Finlande les habitants des régions dont le sol est dépourvu de sélénium, de même qu'en Iran il y a des victimes de l'absence du zinc. Cela pose évidemment un problème d'environnement : le problème de la relation des maladies avec la géographie, la géologie, la qualité de l'eau, les habitudes alimentaires, la composition chimique des aliments, un ensemble qui devient une question sociale et politique.

On sait qu'à l'échelle de la planète les risques de cancer varient considérablement d'un pays à l'autre et même à l'intérieur d'un même pays[1]. Peut-être que 80 % des cancers ont leur source dans l'environnement[2]. Mais les statistiques sont souvent imprécises ou inexistantes. C'est très dérangeant. Roanne est-il plus sûr que Caen ? Nice qu'Hénin-Liétard ? Dispose-t-on de données fiables et

1. *La Recherche*, décembre 1983, p. 1564.
2. *Science*, 13 septembre 1983, p. 1256.

suffisantes sur la teneur de l'eau, des légumes, des viandes, en éléments traces essentiels ? L'état des connaissances permet-il d'avancer des certitudes, de rassurer : au besoin, par des additions, de corriger la nature ? Aux États-Unis, l'opinion s'émeut. De vives controverses ont eu lieu à propos du rapport des concentrations de zinc et de sélénium dans les sources locales d'approvisionnement en eau.

Mais il n'y a pas dans notre alimentation que les éléments minéraux à surveiller ! On a identifié une foule de substances moléculaires cancérigènes et aussi une foule d'anticancérigènes[1] ! Nous absorbons journellement plusieurs grammes d'agents cancérigènes. Par exemple dans le poivre noir, le champignon, le céleri, le persil, la pomme de terre, la rhubarbe, le café, le chocolat, le miel, les fèves, la moutarde, l'alcool, le pain grillé, la betterave, la laitue, les épinards, les radis. Ces quatre derniers légumes sont suspects car ils accumulent les nitrates si souvent présents dans l'eau de consommation et dans les sols en raison des pratiques agricoles modernes[2] et qui sont les précurseurs des dangereuses nitrosamines. Du côté de la défense on trouve essentiellement les végétaux qui, comme les carottes, contiennent du bêta-carotène et aussi plus particulièrement les légumes verts ou jaunes comme le chou et spécialement le chou de Bruxelles qui a fait l'objet d'expériences poussées sur des volontaires. C'est que ces légumes contiennent des substances anti-oxydantes qui ont une action comparable à celle des enzymes associées au sélénium.

L'homme moderne peut aujourd'hui sombrer face à sa cuisine dans l'inquiétude haletante que Victor Hugo, dans « Promontorium Somnii », prête à l'homme antique, le païen harcelé dans sa crédulité par la crainte de l'incarnation divine embusquée, ricanante, pour nuire ou pour aider, dans les coins et recoins de la nature. Pour parodier le Poète, « dans ces logarithmes de l'imagination un légume de plus suffit pour tout changer ».

---

1. *Science*, 13 septembre 1983, p. 1256.
2. *Science et Vie*, septembre 1982, p. 30.

UN JARDIN D'ANDRÉÏDES

Près d'Orlando, en Floride, sur un vaste espace, s'étale la nouvelle merveille du tourisme de masse, l'Epcot Center, la représentation du monde futur imaginée par la société Walt Disney. Planté à côté du « Royaume Magique », parc d'amusement où les attractions de foire se combinent aux représentations animées échappées des bandes dessinées et des livres d'enfants, Epcot a la vocation d'une sorte d'exposition universelle permanente. A l'entrée, de colossales structures abritent des représentations glorifiant divers aspects avancés de la technologie moderne. Elles précèdent un vaste rassemblement circulaire, autour d'un lac, de pavillons internationaux qui agglutinent avec habileté dans un décor factice mais réaliste les plus solides clichés touristiques et commerciaux.

Epcot est remarquable à bien des égards, mais surtout pour la technique utilisée pour présenter au grand public l'impact des réussites de la science dans la vie quotidienne, technique dont le succès et l'efficacité se mesurent par la densité des foules qui arpentent quotidiennement ces espaces immenses. Pour le moment, cinq thèmes : communication, énergie, transports, imagination, agriculture sont offerts à la contemplation. La science est conçue ici comme un spectacle agréable et toute fatigue est épargnée au spectateur. Il n'a pas à traîner des pas nonchalants dans des salles où de dures leçons lui sont assenées : s'il a la patience de prendre sagement sa place dans d'astucieuses files d'attente, il peut s'installer dans de petits véhicules, qui, guidés par des rails, glissent sur l'eau ou s'élèvent dans l'espace, et il voyagera à travers les représentations.

Immense, cette salle du pavillon de l'Energie, où brusquement les fauteuils des spectateurs se mettent en mouvement vers d'artificielles forêts primitives du secondaire, bruissantes des ébats des dinosaures, étapes dans la formation de nos carburants fossiles. Stupéfiante, cette séance de cinéma en relief sur très grand écran au cours de laquelle des papillons colorés semblent claquer aux doigts des spectateurs au pavillon de l'Imagination. On glisse au milieu de scènes d'une vérité saisissante où la nature est parfaitement imitée et dont les multiples détails, impossibles à saisir, filent devant l'œil comme des images composites, dont la somme se résume en quelques messages simples exaltant la beauté du progrès et l'infinie puissance de la technique. Ici, la science ne s'exprime pas par l'écriture : quelques notions solides mais élémentaires sont enseignées par la parole, la musique et la vigueur colorée de modèles animés, grandeur nature, d'hommes, d'animaux et de machines qui illustrent sommairement l'histoire et la genèse des découvertes.

Epcot applique tout simplement à des sujets sérieux les procédés luxuriants qui ont fait le succès des plus célèbres attractions de foire du « Royaume Magique », comme les fameux « Pirates des Caraïbes ». Le développement des microprocesseurs, des sources d'énergie discrètes et des plastiques a permis de donner une présence particulièrement vive à ces marionnettes humaines et animales, initialement conçues pour amuser les enfants, et qui se sont perfectionnées au point de prêter à méprise. Ainsi à Epcot, au pavillon national des États-Unis, se joue sur un théâtre une pièce à la gloire de la nation américaine dont les acteurs sont des automates roulant des yeux, agitant des doigts, remuant des lèvres, qui font en tout point fonction humaine réelle. Partout à Epcot cette animation habile contribue à l'exactitude du détail, au réalisme frappant du spectacle et à l'efficacité du message.

Epcot est une version moderne de ces jardins peuplés d'automates et d'oiseaux chanteurs artificiels, autrefois passion des esprits subtils, passée de mode depuis la fin du XVIIIe siècle. Ils ont enchanté au IXe siècle les califes de

Bagdad et au XIIe, les souverains normands de Palerme ; longue tradition née des inventions des mécaniciens d'Alexandrie, Ktésibios et Héron au IIIe siècle avant notre ère, et continuée chez nous au XVIIIe siècle par le génial Vaucanson avant d'être reléguée au rang des spectacles de foire et des amusements d'enfants, peut-être parce que, faute de moyens d'exécution suffisants, ces ingénieuses représentations aux gestes saccadés paraissaient à l'âge rationnel trop loin du modèle. Mais aujourd'hui la chimie et l'électronique permettent de réaliser partiellement le rêve que Villiers de l'Isle-Adam dans son roman *L'Eve future* (1886) prête à son personnage Edison : la construction d'automates humains, les « Andréïdes », à la ressemblance parfaite, ayant « l'équilibre, la démarche, la voix, le geste, les expressions du visage, la carnation, le teint, les plissements insensibles de l'expression, le précis mouvement labial des paroles, la chevelure et tout le système pileux, l'ensemble oculaire avec l'individualité du regard, etc. »

C'est la maîtrise de la simulation humaine ou animale, la mise en scène habile qu'elle permet qui fait le succès d'Epcot. Encore que les traits des personnages soient accusés, un peu caricaturaux, forcés ; on peut sans doute faire mieux. Voici qu'un journal de Miami annonce qu'un robot nommé Redford va faire office de conférencier pour une cérémonie dans une université du Maryland. Un « robot » est généralement perçu comme un objet métallique aux formes lourdes, bien reconnaissable. On sait que le terme vient d'une pièce du dramaturge tchèque Karel Capek (1920) et que *robota* signifie, en tchèque, « travail forcé ». Les « robots » d'Epcot sont plus subtils. Ils peuvent parfaitement faire des conférences, et le public, d'un peu loin, ignorer à qui il a affaire.

Il y a là des perspectives intéressantes pour les professionnels du spectacle en général. On dit que l'emploi des acteurs est menacé au cinéma par la conception d'images sur ordinateur à partir de banques de données.

Au théâtre, il semble que déjà à Epcot les « Andréïdes » aient leur chance. Mais le plus inquiétant est que, peut-être, on puisse trouver dans le domaine politique un rôle pour un Big Brother qui serait un « Andréïde » télégénique...

LES TAUPES MONOMANIAQUES

Albert Einstein prétend que pour réussir dans la science, pour véritablement obtenir des découvertes, pour arriver à des résultats, il faut être une « taupe monomaniaque ». En effet, l'expérience prouve que le chercheur, souvent, presque toujours, ne résout ses problèmes que s'il est dans un état d'immersion dans le sujet, qui confine à l'obsession. Cette condition psychologique n'est pas suffisante, mais elle est sûrement nécessaire. La sagesse populaire y associe l'image du Tournesol distrait. Plus directement, le corps professionnel y reconnaît ses « polars ». C'est que la science n'est pas un métier facile, la pression psychologique est immense : il faut se frotter la cervelle à des conceptions abstraites, arracher un sens à l'expérience, interpréter, observer, imaginer surtout. La gymnastique des neurones est excitée sans cesse, aussi bien dans le Boulot, que dans le Métro, que dans le Dodo... L'image de la « taupe monomaniaque » exprime en un raccourci symbolique parfait l'engagement individuel total sur qui repose l'efficacité de la recherche et qui forme le point de passage obligé devant les grands obstacles que doit surmonter la connaissance.

L'activité des taupes est d'autant plus nécessaire à la recherche de nos jours que tout se complique, que l'information croît vite, qu'il faut sans cesse digérer du neuf, apprendre, se gaver la cervelle. Du coup, les taupes n'ont plus guère le temps d'échapper à leurs tunnels, et c'est la raison pour laquelle enseignement et recherche deviennent chaque jour un peu plus des métiers différents, divergents, à la limite incompatibles.

Bien sûr, tous les chercheurs ne sont pas des taupes. Certains échappent à cet état par la nature de leurs fonctions car de nombreux travaux scientifiques ne se distinguent pas des pratiques du monde industriel et n'impliquent pas, en principe, de contraintes mentales spéciales. Quelques chercheurs ont expérimenté les voies du taupisme mais ne les ont pas beaucoup aimées ; d'autres par la force de la nécessité, ou par celle du hasard, ne les pratiquent plus et plusieurs de ceux-là se tiennent sur un pôle ou syndical ou politique ou mandarinal de la collectivité scientifique. Entre les taupes il y a des différences qualitatives : il y a la taupe de pointe, celle qui affronte les problèmes neufs, qui défriche le terrain et qui, dans son alchimie mentale, élabore la connaissance de demain, une espèce rare ; il y a la taupe qui s'emploie activement à exploiter les percées en appliquant la découverte, l'instrument ou l'outil conceptuel forgé par la précédente ; il y a la taupe brouillonne qui retourne çà et là le terrain, multiplie les taupinières, s'acharne sans cesse dans une activité infatigable et qui, quelquefois, a de la chance ; il y a la taupe stérile qui toujours rumine, sans aboutir, la même salade ; il y a la taupe illuminée, etc.

Les taupes se laissent plus ou moins facilement organiser en petits groupes, si leurs activités sont complémentaires ou si elles s'estiment. Autour de ces groupes se constituent les cellules de base de la recherche. L'étude de l'Histoire des Sciences et l'observation des mœurs contemporaines montrent que les taupes ont en commun un certain nombre de facteurs psychologiques. D'abord, ce sont des êtres inquiets : dans leurs tunnels ils voient mal, ils se jugent mal, ils ne sont jamais assurés de leur vérité car celle-ci n'est pas encore garantie par l'acquiescement du plus grand nombre. En effet, les taupes ont peu d'interlocuteurs : de par le vaste monde quelquefois, pour un tunnel, trois ou quatre. De là, pour elles, l'importance critique des échanges internationaux. Les taupes sont agressives, car, en effet, elles doivent souvent démolir ce qui existe pour établir leur vérité, leur vision propre. Pour cela, il faut mener des batailles éprouvantes : contre les collègues ou contre les examinateurs qui contrôlent la publication des articles ; il faut rédiger, raturer, déchirer, refaire. Les taupes font fréquemment des complexes d'infériorité car elles sont très susceptibles et très sensibles à la reconnaissance qu'on leur accorde, soit symboliquement soit matériellement. De ce fait, elles ont tendance à jalouser les collègues fermement ancrés sur le môle syndicalo-politico-mandarinal de la profession auxquels elles reprochent quelquefois d'encaisser à leurs dépens des rentes de position. Si la fonction des taupes est de creuser la connaissance, la fonction des autres est, en principe, de fournir aide et assistance pour qu'elles œuvrent en paix, avec le maximum de moyens et d'efficacité, mais le malentendu est fréquent en raison du conflit latent qu'impose la soif de prestige, de pouvoir et d'autorité qui dort, quoi qu'on en dise, au profond de l'inconscient du chercheur.

Les taupes, passionnées, bornées, égocentriques, agressives, susceptibles, hargneuses, ne paraissent pas très sympathiques, pourtant, elles rapportent de leur difficile voyage mental parmi les abstractions les éclats de lumière qui permettent de bâtir ces modèles du réel à travers lesquels l'humanité manipule à son profit les forces de la nature. Si un pays veut promouvoir sa recherche, il est indispensable qu'il prenne des mesures pour développer et protéger sa population de taupes. Paul Feyarabend fait remarquer férocement qu'il y aura toujours des candidats à la fonction, pour peu qu'on les traite bien et qu'on les écoute un peu, même si la Société les confine dans la classe des esclaves ! La taupe est en effet un produit naturel dans l'espèce humaine. Cependant, pour que la taupe soit efficace et produise des résultats exploitables, il faut remplir au moins trois conditions, toutes nécessaires, sinon, son goût pervers pour les arcanes de l'imaginaire se dissipera en rêveries fumeuses ou en impuissances frustrées. La première de ces conditions est que la taupe soit lâchée au bord de l'inconnu lestée d'un bagage de connaissances suffisant. Cela pose la délicate question de la qualité du haut enseignement universitaire. La deuxième condition est que la taupe dispose des instruments adéquats pour alimenter sa dérive et exercer son imagination. Cela pose la question de l'équipement des laboratoires et de leur dotation en moyens financiers. La troisième condition est que le système propose à la taupe des récompenses satisfaisantes en fonction de ses mérites, c'est-à-dire lui assure individuellement des formes convenables de reconnaissance. Le problème principal n'est pas pécuniaire, il est moral. Il est facile de constater que les périodes ou les pays, pour lesquels la recherche marche fort, s'accommodent d'un contexte où l'activité de la taupe est estimée et haut placée dans l'échelle des valeurs morales. C'est par exemple la glorification et la récompense du travail dans la société puritaine anglo-saxonne, les lumières à la fin du XVIIIe siècle, l'idéal progressiste de la France républicaine autour du début de ce siècle. La réussite de la Science est (donc) en partie liée à la Société et à l'Idéologie qu'elle véhicule. C'est un lien organique qui commande la fécondité ou la stérilité des taupes.

Einstein, célébrant en 1918 le soixantième anniversaire de Max Planck, suggère que l'on s'enferme dans les temples de la Science ou de l'Art pour échapper à la triste banalité d'un quotidien désespérant. Il ajoute que l'artiste ou le savant cherche à dominer sa vie émotionnelle en se fabriquant une vision supportable du monde et espère ainsi gagner la paix et la sécurité face aux tourbillons de l'existence. C'est donner une définition du rôle de la Culture. De nos jours, soixante ans après, la Science est peut-être la seule assise solide et créatrice qui reste à la Culture. De l'attitude de la Société à son égard dépend non seulement notre équilibre matériel mais encore notre équilibre moral.

Cet ouvrage a été composé par Eurocomposition (Sèvres)
et imprimé par la S.E.P.C. à Saint-Amand-Montrond (Cher)
pour le compte des Éditions Belfond

Achevé d'imprimer en octobre 1986

Imprimé en France
N° d'édition : 931. N° d'impression : 1778.
Dépôt légal : octobre 1986.